# prépabac

RÉUSSIR L'EXAMEN

1re L, ES



# Sciences

**Isabelle Bednarek-Maitrepierre**
Professeur de SVT au lycée Aristide-Briand (Saint-Nazaire)

**Alain Le Grand**
Enseignant en sciences au CHU de Nantes

**Bruno Semelin**
Professeur de SVT au lycée du Pays de Retz (Pornic)

Hatier

**Édition :** Nicole Rêve
**Conception graphique :** Frédéric Jély
**Mise en page :** IDT - Versailles
**Schémas :** Philippe Bouillon (Illustratek) - Bernard Sullerot - Lasergraphie
**Iconographie :** Nelly Gras

---

 978-2-218-99547-7

# Le mot des auteurs

## Pourquoi ce Prépabac ?

Pour vous aider à vous préparer à l'épreuve de Sciences, en 1re ES et 1re L, tout au long de l'année et lors de la phase de révision finale.

Sur chaque thème du programme, vous sont proposés des **fiches de synthèse**, un **quiz** pour faire un bilan rapide de vos connaissances et des **sujets de type bac corrigés** pas à pas.

**FICHES** | **BILAN** | **SUJETS CORRIGÉS**

## Quel a été notre objectif ?

Tous enseignants de sciences de la vie et de la Terre ou de sciences physiques et chimiques, nous avons travaillé avec le même objectif : vous proposer un **outil de travail complet et efficace**.

**Isabelle Bednarek-Maitrepierre**

**Alain Le Grand**

**Bruno Semelin**

## Et le site annabac.com, quels compléments offre-t-il ?

L'achat de ce Prépabac vous permet de bénéficier d'un **accès GRATUIT**[1] à toutes les **ressources d'annabac.com**: fiches de cours, résumés audio, quiz interactifs, sujets d'annales corrigés ...

Pour profiter de cette offre, rendez-vous sur www.annabac.com, dans la rubrique « Vous avez acheté un ouvrage Hatier ? ».

1 Selon les conditions précisées sur le site

# SOMMAIRE

## REPRÉSENTATION VISUELLE

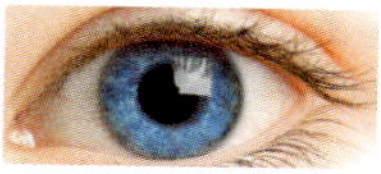

### 1. L'œil : système optique et formation des images

### 2. Vision du monde : de l'œil au cerveau

## 3. Couleurs et arts



NOURRIR L'HUMANITÉ

## 4. Une agriculture pour nourrir les Hommes

## 5. Qualité des sols et de l'eau

## 6. Qualité et innocuité des aliments : le contenu de nos assiettes



# FÉMININ / MASCULIN

## 7. Prendre en charge sa vie sexuelle de façon conjointe et responsable

## 8. Devenir femme ou homme



# LE DÉFI ÉNERGÉTIQUE

## 9. Utilisation et gestion de l'énergie

## 10. Les ressources énergétiques disponibles

FICHES



## ANNEXE

REPRÉSENTATION VISUELLE

# L'œil : système optique et formation des images

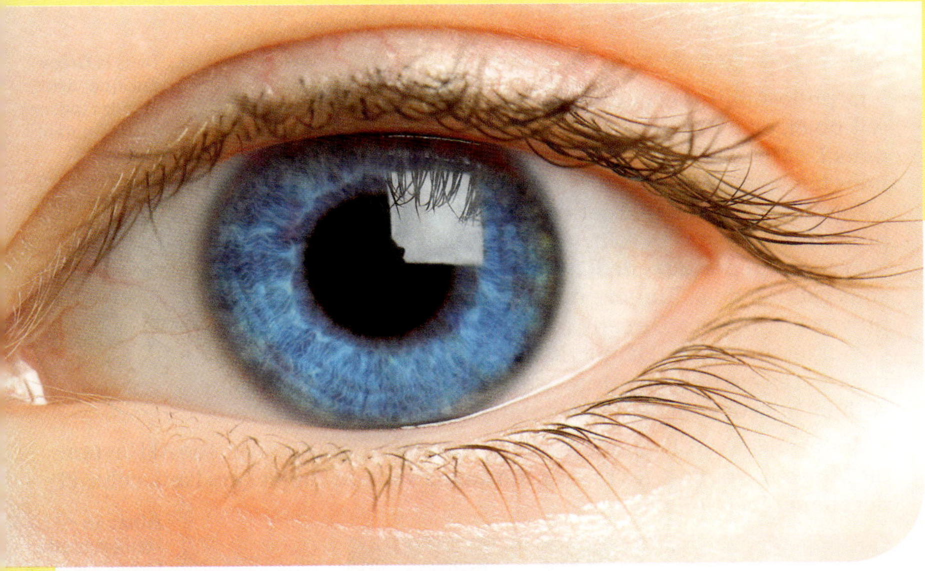

L'œil : organe sensoriel fondamental de la perception visuelle.

## FICHES



## BILAN



## SUJETS CORRIGÉS

# 1 Les conditions pour voir un objet

**Dès le ve siècle avant J.-C., la question du sens de la vision préoccupe les penseurs grecs. Certains soutiennent que les objets envoient des émanations, d'autres, à l'opposé, prétendent que c'est l'œil qui va « palper » les objets.**

## I Théories anciennes de la vision

■ La philosophie grecque s'est beaucoup intéressée à la relation œil-objet, en particulier Aristote (384-322 av. J.-C.) qui écrivait dans *La Métaphysique* : « La vue est, de tous les sens, celui qui nous fait acquérir le plus de connaissances... ».

– Pour les pythagoriciens et Platon (427-348 av. J.-C.), les yeux projettent un flux vers l'objet **(doc. 1)**. Dans le *Timée* de Platon, les yeux sont porteurs de lumière. Un feu visuel jaillit de l'œil sous l'action de la lumière du jour et va rencontrer le feu qui provient des objets. De cette rencontre naît la vision.

– Pour les atomistes (Démocrite, Épicure, Aristote...), les corps émettent en continu des images d'eux-mêmes : de fines particules se détachent des objets et pénètrent, pour certaines, dans l'œil.

Dans la **Grèce antique**, deux grandes théories se confrontent : celle de « l'**émission** ou **extramission** » (émission de rayons par l'œil) et celle de « **l'intromission** » (entrée dans l'œil de quelque chose en provenance des objets).

■ Une avancée vers l'optique moderne est faite au xe siècle avec Ibn Al Haytam dit Alhazen. Pour lui, les **rayons lumineux vont de l'objet vers l'œil**, celui-ci devenant récepteur de lumière.

**Alhazen** dit : « Si l'œil est blessé lorsqu'il regarde une source de lumière intense, c'est que la lumière a un effet sur l'œil ».

**Doc. 1.** **« Les rayons sortent de l'œil et vont palper l'objet. »**

# II Les conditions de visibilité d'un objet

## 1. Les objets lumineux

- Un objet visible par l'œil est un **objet lumineux**.
- L'objet qui produit sa propre lumière est une source lumineuse **primaire**. Le Soleil, les étoiles, par exemple, sont de telles sources.
- L'objet qui renvoie, dans toutes les directions, une partie de la lumière qu'il reçoit est une source lumineuse **secondaire**. On dit que cet objet diffuse la lumière. La Lune et la plupart des objets courants sont des objets diffusants. Il faut remarquer qu'un objet noir absorbe toute la lumière reçue : il n'est donc, théoriquement, pas « visible ».

## 2. La propagation de la lumière

- Un objet lumineux ne peut être vu que si la lumière qu'il émet arrive dans l'œil de l'observateur. L'objet ne sera donc pas visible si un obstacle opaque se trouve entre l'objet lumineux et l'œil. En revanche, la lumière se propage dans le vide et dans les milieux transparents (l'air, l'eau ou le verre).
- La fumée intercalée sur le trajet d'un faisceau laser, l'étude de la chambre noire ou celle des ombres portées nous montrent que, dans un milieu transparent et homogène, la lumière se propage de manière **rectiligne**. On peut ainsi modéliser le cheminement de la lumière, le **rayon lumineux**, par une ligne orientée dans le sens de la propagation de la lumière.

On ne voit pas la **lumière**, mais seulement les objets à condition que la lumière – qu'ils produisent ou diffusent – atteigne notre œil.

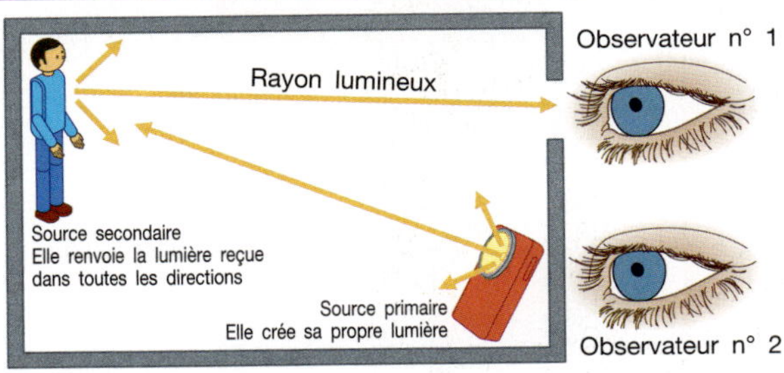


**Doc. 2. Conditions pour voir un objet.**
Le personnage est visible pour l'observateur n° 1, mais il ne l'est pas pour l'observateur n° 2 (la boîte constitue un obstacle).

# 2 L'œil : système optique et formation des images

La vision est pour l'Homme une fonction sensorielle fondamentale. Elle lui permet la perception de son environnement.
L'œil, considéré comme un système optique, assure la formation d'images qui sont ensuite interprétées par le cerveau.

## I Anatomie de l'œil

L'œil est une sphère délimitée par trois membranes emboîtées de l'extérieur vers l'intérieur de la manière suivante :

- La **sclérotique** est une enveloppe blanche et résistante. En avant de l'œil, elle devient transparente et bombée : la **cornée**.

- La **choroïde**, de couleur noire, tapisse l'intérieur de la sclérotique sauf dans la partie antérieure de l'œil où elle laisse place à l'**iris** coloré.

- La **rétine**, tissu nerveux très mince, est riche en photo-récepteurs (neurones sensibles à la lumière). Elle se prolonge par le nerf optique **(doc. 1)**.

→ fiche 5

L'intérieur du globe oculaire est constitué d'un ensemble de milieux transparents :

- le **cristallin**, lentille biconvexe à la courbure changeante ;

- les liquides, nommés humeurs : l'**humeur aqueuse**, liquide situé entre la cornée et le cristallin, l'**humeur vitrée**, substance gélatineuse située entre le cristallin et le fond de l'œil.

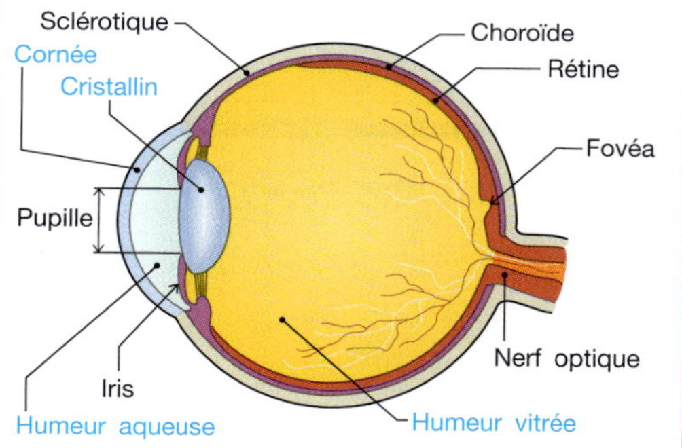


**Doc. 1. Structure interne de l'œil.**

■ Entre la cornée et le cristallin, se trouve la partie colorée opaque de l'œil : l'**iris**. Son ouverture centrale, la **pupille**, laisse passer la lumière jusqu'au fond de l'œil. Sous une forte luminosité, la pupille se rétrécit, réduisant ainsi la quantité de lumière transmise à la rétine.

L'œil capte les **signaux lumineux** et les transforme en influx nerveux envoyés au cerveau.

## II La formation des images

■ Les milieux transparents de l'œil (cornée, cristallin, humeurs aqueuse et vitrée) permettent, à la manière d'une lentille convergente, la formation d'une image sur la rétine.

→ fiche 3

La cornée assure la plus grande partie de la convergence des rayons lumineux tandis que le cristallin donne au globe oculaire la possibilité d'une mise au point de l'image sur la rétine selon que l'objet regardé est lointain ou proche.

La **cornée** est la première lentille de l'œil puisqu'elle assure environ 70 % de la convergence de la lumière. Sa transparence est donc un facteur essentiel.

■ Pour comprendre la formation d'une image sur la rétine, on peut assimiler l'œil à un système optique comprenant les éléments optiques essentiels **(doc. 2)** :

- un **diaphragme** pour réguler la quantité de lumière entrant dans l'œil : il modélise le système iris-pupille ;
- une **lentille convergente** de distance focale OF′ variable : elle représente l'ensemble des milieux transparents de l'œil ;
- un **écran** pour recevoir l'image de l'objet regardé : il est comparable à la rétine.

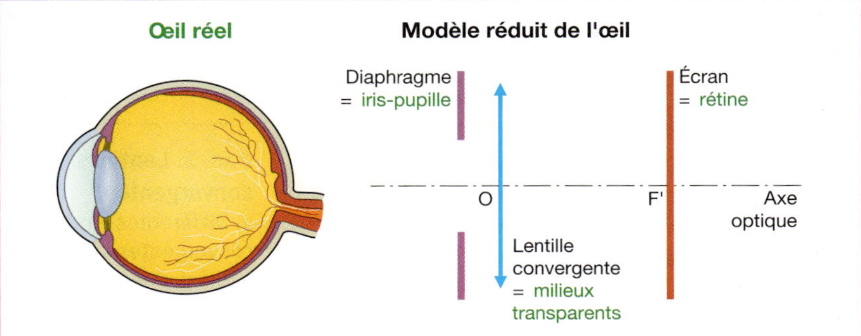


**Doc. 2.** **Œil réel en correspondance avec le modèle réduit de l'œil.**

# 3 Lentilles minces convergentes, divergentes

**Une lentille est un milieu transparent en verre ou en matière plastique dont l'une au moins des deux faces n'est pas plane. Elle est dite mince si son épaisseur est de petite dimension par rapport à son diamètre.**

## I Les lentilles convergentes

- Ces lentilles se reconnaissent à leurs bords plus minces que le centre **(doc. 1a)**.
- À quelques centimètres d'un texte, la lentille le grossit.
- Un faisceau incident de lumière parallèle à l'axe optique va émerger de la lentille en se rapprochant de cet axe **(doc. 1b)**.
- Lorsqu'un objet lumineux est suffisamment loin sur l'axe optique de la lentille, l'image nette se forme au foyer image de celle-ci. La distance entre le foyer image F′ et le centre optique O de la lentille est appelée distance focale ; elle est notée *f* **(doc. 1c)**.

Plus la **distance focale** d'une lentille est courte, plus la lentille est convergente. On dit que sa vergence est plus forte.
→ fiche 4

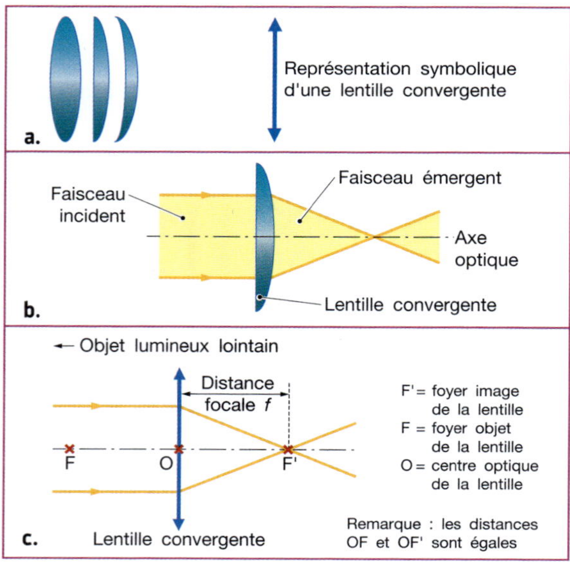


**Doc. 1. Lentilles convergentes.**
**a.** Différentes lentilles convergentes.
**b.** Effet d'une lentille convergente sur un faisceau de lumière.
**c.** Éléments caractéristiques d'une lentille convergente.

## II Construire l'image à travers une lentille convergente

■ **Trois règles simples** permettent de déterminer la position et la taille de l'image formée par une lentille :
- le rayon incident parallèle à l'axe optique émerge en passant par le foyer image de la lentille ;
- le rayon passant par le centre optique de la lentille n'est pas dévié ;
- le rayon incident passant par le foyer objet de la lentille émerge parallèlement à l'axe optique de la lentille.

Pour construire **l'image d'un objet** donnée par une lentille convergente, le tracé de deux rayons particuliers suffit. → rabats

## III Les lentilles divergentes

■ Ces lentilles se reconnaissent à leurs bords plus épais que le centre **(doc. 2a)**.

■ À quelques centimètres d'un texte, la lentille le rétrécit.

■ Un faisceau de lumière parallèle émergera de la lentille en s'écartant de l'axe optique **(doc. 2b)**.

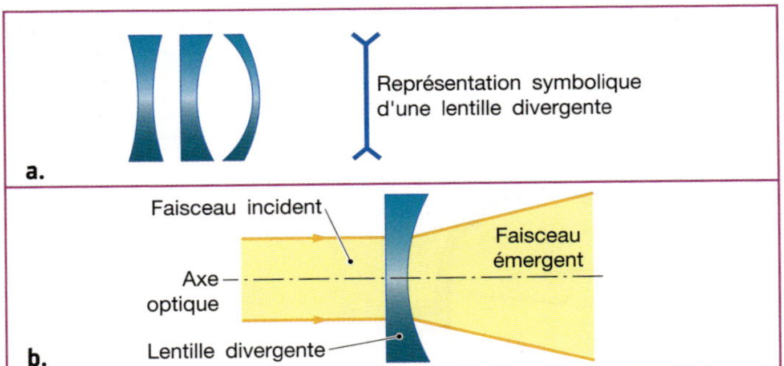


**Doc. 2. Lentilles divergentes.**
**a.** Différentes lentilles divergentes.
**b.** Effet d'une lentille divergente sur un faisceau de lumière.

# 4 L'œil : accommodation, défauts et corrections

L'œil est un système optique complexe dont le rôle est d'assurer la formation des images. Suivant l'éloignement avec l'objet observé, il lui est nécessaire d'effectuer une « mise au point ».

## I L'œil normal (ou emmétrope)

→ fiche 2

- Comme l'objet regardé n'est pas toujours à la même distance, l'œil doit « s'adapter ». La profondeur de l'œil n'étant pas modifiable, le cristallin assure la fonction de mise au point en modifiant sa vergence (il sera plus ou moins convergent).

- En vision de loin, l'œil est au repos, l'image nette se forme sur la rétine. En vision de près, l'image nette se forme « en arrière » de la rétine : la perception sera donc floue (doc. 1). Pour que l'image nette se forme sur la rétine, la vergence de l'œil doit augmenter (l'œil accentue ses capacités de convergence). Le cristallin fait la mise au point en adaptant sa forme (doc. 2). Ce processus oculaire s'appelle l'**accommodation**.

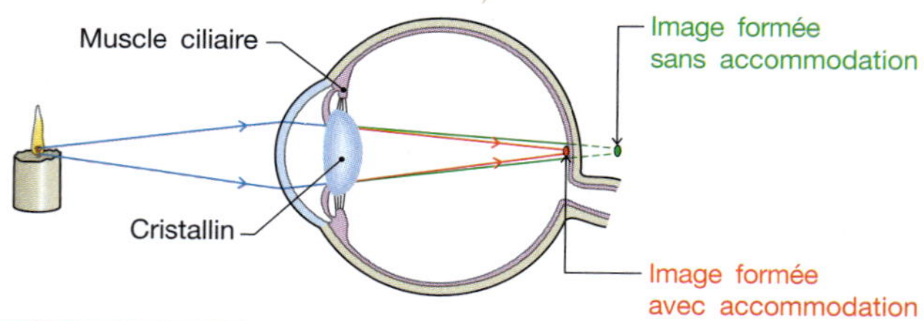


**Doc. 1. Mécanisme de l'accommodation.**

| | Avec accommodation | Sans accommodation |
|---|---|---|
| **Muscle ciliaire** (muscle de Müller) | Contracté | Relâché |
| **Cristallin** | Épais et bombé (plus convergent) | Mince et allongé |

**Doc. 2. Le cristallin adapte sa forme sous l'action des muscles ciliaires.**

- La vergence $C$ d'un système optique correspond à l'inverse de sa distance focale $f$ :

$$C = \frac{1}{f}$$ | $C$ en dioptrie (δ) ; $f$ en mètre (m).

- Un œil normal au repos – regard porté sur un paysage lointain, par exemple – a une distance focale de $f$ de 17 mm, c'est-à-dire une vergence $C$ de 59 dioptries : c'est la vergence minimale de l'œil. En vision proche la vergence de l'œil est maximale (environ 63 δ).

La **vergence** d'une lentille convergente est positive ; celle d'une lentille divergente est négative.

- Le point le plus proche sur lequel l'œil peut accommoder la vision se nomme le **punctum proximum**. Cette distance augmente avec l'âge (de 15 cm à 30 ans, elle passe à 50 cm à 50 ans) car le cristallin vieillit, il perd en élasticité donc en capacité d'accommodation.

Chez les sujets jeunes, l'**accommodation** peut ajouter jusqu'à 12 dioptries à la vergence de l'œil.

- Le **punctum remotum** est le point le plus éloigné que l'on peut observer nettement ; il est à l'infini pour un œil normal.

## II Quelques défauts de l'œil

Certains défauts de l'œil proviennent d'une inadaptation entre la longueur du globe oculaire et sa vergence : l'œil est amétrope (disproportionné).

- L'œil est **myope** lorsque l'image nette d'un objet éloigné se forme en avant de la rétine.

Le plus souvent, l'œil est « trop long », mais parfois la vergence de la cornée ou du cristallin est excessive. La myopie peut être corrigée à l'aide de verres divergents (lunettes ou lentilles de contact) ou encore par chirurgie (techniques laser ou implants intraoculaires).

Un œil normal a une profondeur de 23 mm. Un œil myope est souvent **plus long**. Il peut mesurer 24 mm, 25 mm ou davantage.

Les techniques laser – très employées aujourd'hui – utilisent le laser Excimer : celui-ci permet de modeler la cornée pour en modifier la courbure aussi bien pour l'œil myope que pour l'œil hypermétrope.

- L'œil est **hypermétrope** lorsque l'image nette d'un objet éloigné se forme en arrière de la rétine. L'œil est « trop court » ou encore sa vergence trop faible. Contrairement au myope, la vision d'un hypermétrope sera toujours plus satisfaisante de loin que de près. L'hypermétropie est compensée par des verres convergents ou par traitement chirurgical.

- Avec l'âge, le cristallin accommode moins bien : la vision proche devient floue. On parle alors de **presbytie**.

# Quiz express

Vérifiez que vous avez bien retenu les points clés des **fiches 1 à 4**.

## Les conditions pour voir un objet

**1 Le trajet de la lumière correspond (selon la théorie actuelle) :**

☐ **a.** au schéma 1
☐ **b.** au schéma 2
☒ **c.** au schéma 3
☐ **d.** au schéma 4

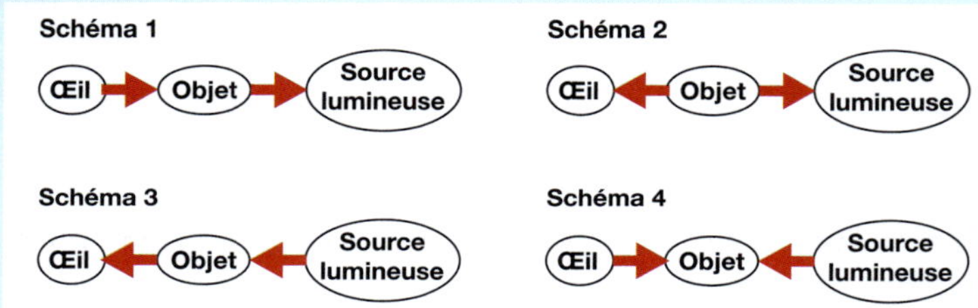


**2 Parmi ces différentes sources lumineuses, la seule source secondaire est :**

☐ **a.** l'écran de télévision
☒ **b.** l'écran de cinéma
☐ **c.** l'écran de visualisation de l'appareil photographique numérique

FICHE 1

## L'œil : système optique et formation des images

**3 Les rayons de lumière pénétrant dans l'œil sont déviés par :**

☐ **a.** l'iris
☒ **b.** la cornée
☐ **c.** la rétine
☒ **d.** le cristallin

**4 Associer correctement les éléments de l'œil réel à ceux du modèle réduit de l'œil.**

☐ **a.** iris-pupille
☐ **b.** cornée-cristallin
☐ **c.** rétine

☐ **1.** écran
☐ **2.** diaphragme
☐ **3.** lentille

FICHE 2

## Lentilles minces convergentes, divergentes

**5 Retrouver le nom de chaque élément numéroté sur le schéma de la lentille.**

| | |
|---|---|
| [2] **a.** distance focale | [d] **1** |
| [3] **b.** foyer image | [a] **2** |
| [4] **c.** axe optique | [b] **3** |
| [1] **d.** centre optique | [c] **4** |

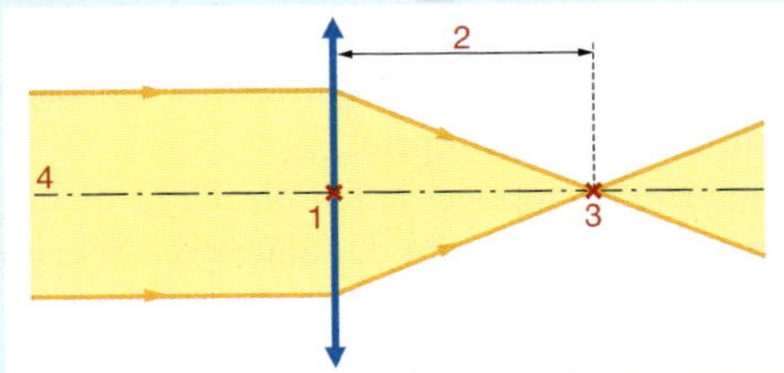


**6 Le rayon lumineux traversant une lentille sans être dévié passe par :**

☐ **a.** le foyer objet F

☒ **b.** le centre optique O

☐ **c.** le foyer image F'

## L'œil : accommodation, défauts et corrections

**7 Répondre par vrai ou par faux.**

**A** La relation entre vergence *C* et distance focale *f* pour une lentille est $C = f$.

☐ **a.** Vrai ☒ **b.** Faux

**B** L'unité de la distance focale est la dioptrie (δ).

☒ **c.** Vrai ☐ **d.** Faux

**C** Si la vergence d'une lentille est de 0,5 δ, sa distance focale est de 2 mètres.

☒ **e.** Vrai ☐ **f.** Faux

**D** La vergence d'une lentille divergente est négative.

☒ **g.** Vrai ☐ **h.** Faux

FICHE 3

**8 L'œil accommode lorsqu'il :**

☐ **a.** regarde un objet lointain.

☒ **b.** regarde un objet proche.

☒ **c.** regarde en toute situation.

**9 L'œil hypermétrope est :**

☒ **a.** pas assez convergent.

☐ **b.** trop convergent.

☐ **c.** sans défaut de convergence.

FICHE 4

**RÉPONSES**

**1.** c • **2.** b • **3.** b et d • **4.** a2 - b3 - c1 • **5.** a2 - b3 - c4 - d1 • **6.** b • **7.** A.b • B.b • C.a • D.a • **8.** b • **9.** a

# SUJET 1 | Les théories anciennes de la vision

DURÉE 25 MIN

→ Fiche 1 Les conditions pour voir un objet

## DOCUMENT 1 Conception de la vision selon Platon (427-347 av J.-C.).

Entre tous instruments, ils [les Dieux] ont façonné en premier lieu les yeux porteurs de lumière … Cette sorte de feu, qui n'est point capable de brûler, mais seulement de fournir une douce lumière, ils ont fait par leur art qu'elle devînt, chaque jour, un corps approprié.
De la sorte, où que vienne s'appuyer le feu qui jaillit de l'intérieur des yeux, il rencontre et choque celui qui provient des objets extérieurs. Il se forme ainsi un ensemble qui a des propriétés uniformes dans toutes ses parties, grâce à leur similitude. Et si cet ensemble vient à toucher lui-même quelque objet, ou à être touché par lui, il en transmet le mouvement à travers le corps tout entier, jusqu'à l'âme, et nous apporte cette sensation, grâce à laquelle nous disons que nous voyons.
Mais lorsque le feu extérieur se retire pour la nuit, le feu intérieur se trouve séparé de lui : alors, s'il sort des yeux, il tombe sur un élément différent de lui ; il se modifie et s'éteint, puisqu'il cesse d'être de même nature que l'air environnant, lequel n'a plus de feu. Il cesse alors d'y voir et ainsi amène le sommeil.

Platon, *Timée*, texte établi et traduit par A. Rivaud, Les Belles Lettres.

## DOCUMENT 2 Mécanisme optique de la vision selon Ibn al-Haytham (Alhazen) au xe siècle

Les lignes virtuelles et la lumière qui se propage suivant ces lignes forment ensemble ce qu'on appelle rayon : le rayon est donc une forme substantielle qui se propage suivant des lignes droites. Mais les **géomètres** appellent rayon les rayons visuels par analogie avec les rayons solaires et les rayons du feu : en effet, les plus anciens d'entre eux considéraient que la vision est au moyen d'un rayon qui sort de l'œil pour aboutir à l'objet vu, le rayon produisant ainsi la vision.
L'œil est blessé lorsqu'il regarde une source de lumière très intense, l'œil conserve pendant un certain temps la forme et la couleur d'un objet fortement éclairé, la vue est perturbée si la lumière de l'objet est trop forte ou trop faible ou si une lumière intense éclaire les yeux ou le milieu intermédiaire situé entre l'œil et l'objet.

Ibn al-Haytham (Alhazen), « *Discours de la lumière* », xe siècle. Traduction française critique, Revue d'histoire des sciences et de leurs applications, 1968 ; tome 21 n°3 pp. 197-224.
Kitab Al-Manazir (traduction A. Sabra), livres I-III, University of London, 1989.

**1.** En utilisant les informations du document 1, indiquer laquelle de ces propositions correspond le mieux à la conception que se fait Platon de la vision.

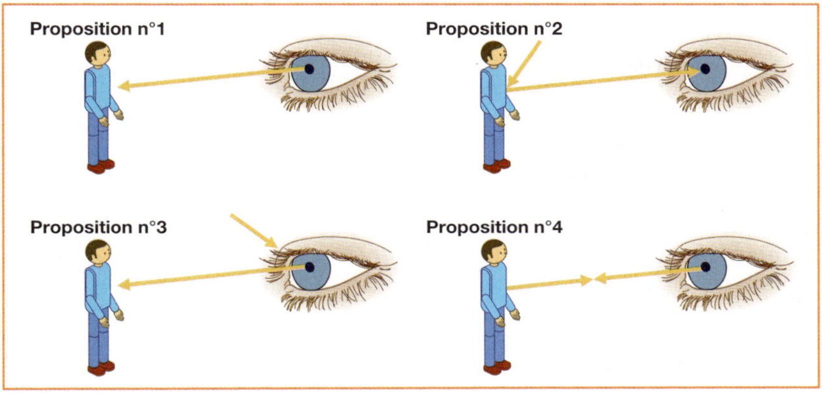


**2.** Quand Alhazen cite les géomètres, à quelle époque et à qui fait-il référence ?

**3.** Montrer en quoi le mécanisme optique de la vision présenté par Alhazen représente une avancée significative et ouvre la voie aux théories actuelles de l'optique géométrique. Citer l'argument sur lequel Alhazen s'appuie pour remettre en cause la théorie des plus anciens des géomètres.

**DÉMARRONS ENSEMBLE**

**1.** À l'aide du document 1, analysez bien le « sens de la vue » présenté par Platon.

**2.** Utilisez vos connaissances sur les théories antiques de la vision.

**3.** Présentez de façon organisée les idées avancées dans le document 2 en faisant appel à vos connaissances pour ne pas paraphraser l'auteur.

## CORRIGÉ

→ fiche 1

**1.** La proposition n° 4 correspond à la conception de la vision selon Platon. En effet, dans cette conception la vision naît de l'interaction entre le « feu sortant de l'œil » et le « feu provenant de l'objet ».

**2.** Les « géomètres » qui apparaissent dans les écrits d'Alhazen sont les penseurs de la Grèce antique, au premier rang desquels, on reconnaît dans le document 2 ceux qui soutiennent la théorie des « rayons visuels »

(Pythagore, Euclide, Ptolémée, etc.). Selon cette théorie, dite de « l'extramission », la vision résulte de l'émission de rayons par l'œil qui vont en quelque sorte « tâter » les objets pour les explorer.

**3.** Alhazen reprend les idées de ses prédécesseurs grecs sur le sens de la vision. Il rejette la théorie du rayon visuel et se positionne en faveur de la théorie de l'intromission. Il va baser son explication du mécanisme de la vision sur une démarche nouvelle et révolutionnaire : la démarche expérimentale. Toute avancée théorique s'appuie chez lui sur l'expérience et l'observation. L'observation de « l'éblouissement » est un pilier important de sa théorie : « si l'œil est blessé par une lumière très intense », c'est bien que la lumière pénètre dans l'œil. Pour Alhazen, c'est de la lumière (venant de l'objet lumineux) et de sa propagation « en lignes droites » vers l'œil-récepteur que résulte la vision. Cette conception reste toujours valable à l'heure actuelle.

Un deuxième courant de « géomètres » soutient que la vision naît de la réception dans l'œil de quelque chose provenant de l'objet : c'est la théorie de l'**intromission** portée par les atomistes.
→ fiche 1

## SUJET 2 | La myopie : défauts et corrections

DURÉE 25 MIN

→ Fiche 2 L'œil : système optique et formation des images
→ Fiche 3 Lentilles minces convergentes, divergentes
→ Fiche 4 L'œil : accommodation, défauts et corrections

### DOCUMENT 1 Signes et mécanisme de la myopie par le docteur Marc Timsit

Le mot myopie vient de la contraction de deux mots grecs *muein* (se fermer) et *ôps* (œil). Chez l'adulte, la gêne en vision de loin est éloquente. Le faible myope peut améliorer sa vision de loin en plissant les yeux. Chez l'enfant, le diagnostic peut être plus difficile, la plupart des enfants ne se plaignant pas de ce défaut. Il est donc important de faire procéder régulièrement à un examen ophtalmologique. La myopie peut être détectée par les enseignants qui constatent une difficulté de vision de loin au tableau. Le fait de se rapprocher de ses cahiers ou de la télévision peut aussi évoquer une myopie. [...]
La myopie est le plus souvent due à un œil trop long. Dans la myopie, la focalisation de l'image d'un objet éloigné se forme donc en avant de la rétine et la vision de loin est floue. Par contre, la vision de près est nette. La myopie permet de lire sans lunettes. Plus la myopie est forte, plus le texte doit être rapproché.

Extrait de la page http ://www.ophtalmologie.fr/myopie.html

## DOCUMENT 2 La technique du Lasik

La technique du Lasik permet de remodeler la cornée afin de corriger le défaut visuel (la myopie) de la personne. Ce « remodelage » se fait par l'action d'un laser qui réalise une ablation d'une partie du tissu cornéen.
L'opération se fait en trois étapes :

– une lamelle de cornée (appelée « le capot ») est découpée puis soulevée ;
– le laser sculpte les couches plus profondes de la cornée pour en modifier la courbure ;
– le capot est repositionné.

La cornée cicatrise en quelques jours sans point de suture.

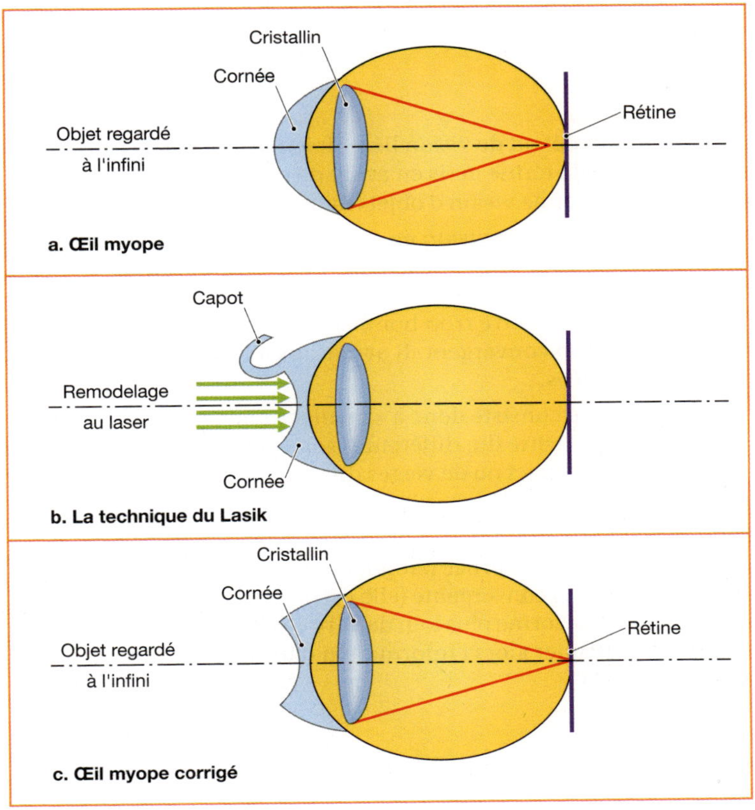

**1.** En utilisant les informations des documents et en vous appuyant sur vos connaissances, expliquer ce qu'est la myopie et quelles en sont les deux causes.

**2.** À l'aide des documents et de vos connaissances, présenter la technique du Lasik et son effet correcteur sur la myopie.

**DÉMARRONS ENSEMBLE**

**1.** Pour commencer, définissez la myopie en vous appuyant sur le schéma de l'œil myope du document 2 (observez notamment où se forme l'image). Dans un second temps, citez ses deux causes ; l'une apparaît clairement dans le document 1 ; l'autre est à rechercher dans vos connaissances.
**2.** Commencez par expliquer comment on corrige la myopie, puis, à partir du document 2, présentez l'apport de la technique du Lasik.

## CORRIGÉ

**1.** La myopie est un défaut de vision lié au fait que l'image de l'objet regardé ne se forme pas sur la rétine mais en avant de celle-ci. L'œil myope voit flou pour une vision d'objets lointains.

La myopie est un défaut de vision en général lié à un **œil trop long** : la distance entre la cornée et la rétine est trop importante. Une autre cause est à rechercher dans une **vergence excessive de l'œil** ; la cornée peut-être trop bombée ou bien le système cornée-cristallin trop convergent. Il arrive aussi que les deux causes soient associées.

> La mauvaise vision d'**objets éloignés** caractérise la myopie. La vision d'objets proches reste bonne.

**2.** Corriger la myopie consiste donc à « reculer » l'image pour qu'elle se forme sur la rétine. À cette fin, différentes solutions de traitement existent : port de lentilles de contact ou de verres divergents et traitement chirurgical par laser.

La technique du Lasik présentée dans le document 2 consiste à modifier la courbure de la cornée par photo-ablation. La cornée est ainsi rendue moins convergente (elle est maintenant moins bombée) et l'image se forme plus loin dans l'œil, c'est-à-dire sur la rétine. L'œil transmet alors l'information d'une image nette au cerveau.

> La **cornée** assure la plus grande partie de la convergence des rayons lumineux. → fiche 2

# SUJET 3 | Des lunettes autoréglables

DURÉE 25 MIN

→ **Fiche 3** Lentilles minces convergentes, divergentes
→ **Fiche 4** L'œil : accommodation, défauts et corrections

## DOCUMENT 1 Des lunettes à bas coût

Il y a plusieurs années, Josh Silver, de l'Université d'Oxford, a réalisé des lunettes de vue.

Deux parois (1) circulaires sont placées face à face et un fluide est injecté entre elles. Plus la pression du fluide (2) est importante, plus le film élastique est bombé : on obtient des lunettes convexes pour hypermétropes. On crée aussi des lunettes concaves pour myopes en aspirant le fluide. Afin d'adapter les lunettes à sa vue, il suffit d'ajuster la pression du liquide. Une fois le réglage trouvé, on scelle le dispositif. [...] Ces lunettes économiques pourraient changer la vie des déshérités de tous les pays.

J.-M. Courty et E. Kierlik, *Du liquide pour faire des lentilles,* Pour la Science, n° 382, août 2009.

(1) parois élastiques, minces et transparentes (2) liquide

## DOCUMENT 2 Des lunettes construites selon la méthode de Josh Silver

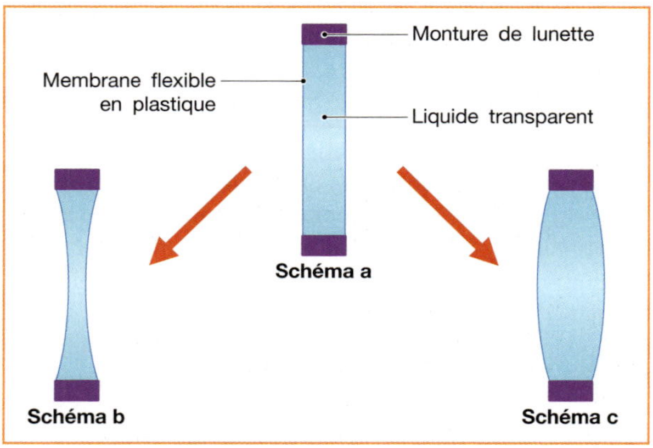


**1.** En vous aidant des documents 1 et 2, indiquer quel réglage il faut effectuer pour obtenir la lentille du schéma c à partir de celle du schéma a.

**2.** La lentille du schéma c correspond-elle à une lentille divergente ou à une lentille convergente ?

**3.** Kofi vit au Ghana. Durant l'année scolaire, son école a bénéficié du passage d'un ophtalmologue venu faire du dépistage. S'il veut bien voir en classe, Kofi devra porter des lunettes auto-réglables. Sur son ordonnance de correction, on lit :

$$\text{OG} : +5\,\delta \quad ; \quad \text{OD} : +4\,\delta$$

**a.** Indiquer de quelle grandeur physique la dioptrie (symbole δ) est l'unité.
**b.** Préciser le défaut de vision dont souffre Kofi.
**c.** Le réglage de ses lunettes autoréglables correspond-il au schéma **b** ou au schéma **c** ?

**DÉMARRONS ENSEMBLE**

**1.** Vous devez bien identifier, dans le document 1, le réglage qui permet d'obtenir des lunettes bombées ou convexes.
**2.** Rappelez-vous de quel type de lentille il s'agit, lorsque la lentille est convexe.
**3. a.** Il s'agit, ici, de l'unité utilisée par les opticiens pour définir le pouvoir de focalisation d'une lentille.
**b.** La question se traite en deux étapes et fait appel à vos connaissances : identifiez le type de lentille que Kofi portera à partir du signe + figurant sur l'ordonnance ; retrouvez, grâce au type de lentille, le défaut visuel dont Kofi est atteint.
**c.** À partir du défaut visuel de Kofi trouvé à la question 3b, utilisez les informations données par le document 1. Vous pourrez vous appuyer sur les réponses des questions 1 et 2.

## CORRIGÉ

**1.** La lentille du schéma **c** est plus épaisse au centre que sur les bords : il s'agit d'une lentille convexe. On obtient cette lentille à partir de celle du schéma **a**, en injectant du liquide transparent dans le dispositif.

**2.** Une lentille convexe – c'est-à-dire bombée – est convergente.

**3. a.** La **dioptrie** est l'unité de la vergence. Cette grandeur physique indique la capacité de la lentille à modifier le trajet de la lumière : plus sa valeur est grande, plus la lentille dévie la lumière.

**b.** Les deux signes + figurant sur l'ordonnance de correction montrent que Kofi devra porter des lentilles convergentes.

Les lentilles convergentes corrigent l'hypermétropie ou la presbytie. Kofi est encore bien trop jeune pour souffrir de presbytie. Il est donc hypermétrope. Ce défaut de vision est lié au fait que

**Convergente**, car un faisceau de lumière parallèle émerge de ce type de lentille en se rapprochant de l'axe optique de celle-ci. → fiche 3

**Signe positif** : la lentille est convergente ; signe négatif : la lentille est divergente.

l'image de l'objet regardé ne se forme pas sur la rétine mais « en arrière » de celle-ci. L'œil hypermétrope voit flou pour une vision d'objets proches. Sans verres correcteurs, Kofi voit mal pour écrire sur ses cahiers, lire ses livres...
**c.** Nous avons vu à la question 2 qu'une lentille convergente est convexe. Kofi portera donc des lunettes avec un profil de type schéma c.

## SUJET 4 | La presbytie : un défaut d'accommodation

DURÉE 25 MIN

→ **Fiche 2** L'œil : système optique et formation des images
→ **Fiche 3** Lentilles minces convergentes, divergentes
→ **Fiche 4** L'œil : accommodation, défauts et corrections

### DOCUMENT 1 La presbytie

La presbytie est un phénomène normal, lié au vieillissement de l'œil. Elle apparaît en général après 40 ans et se manifeste au début par une gêne à la vision de près (lecture, écriture). En effet, la presbytie correspond à une diminution du pouvoir d'accommodation de l'œil. Or, l'accommodation permet de faire la « mise au point » sur les objets regardés de près.

Docteur P. Presles, site : http://www.e-sante.fr

### DOCUMENT 2 Modélisation du système oculaire

Sur les schémas a et b, AB représente l'objet regardé et A'B' son image par la lentille convergente. L'objet AB est situé non loin de l'œil.

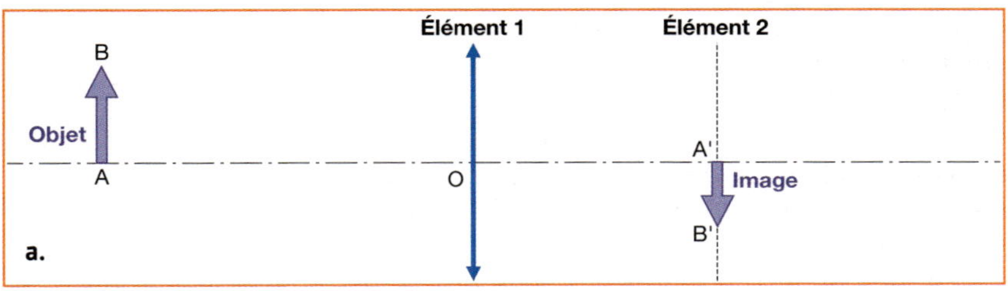

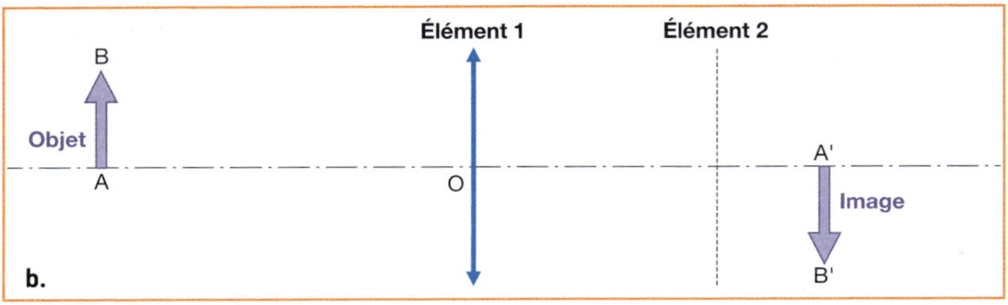


**1.** La presbytie est une diminution du pouvoir d'accommodation de l'œil liée à un vieillissement :

**a.** de la rétine
**b.** de la cornée
**c.** du cristallin
**d.** du nerf optique

**2.** Le domaine de vision nette d'un œil normal va de 25 cm environ pour le point le plus proche (P.P.), à l'infini pour le point le plus éloigné (P.R.). Parmi les schémas ci-dessous, indiquer celui qui correspond à un œil presbyte.

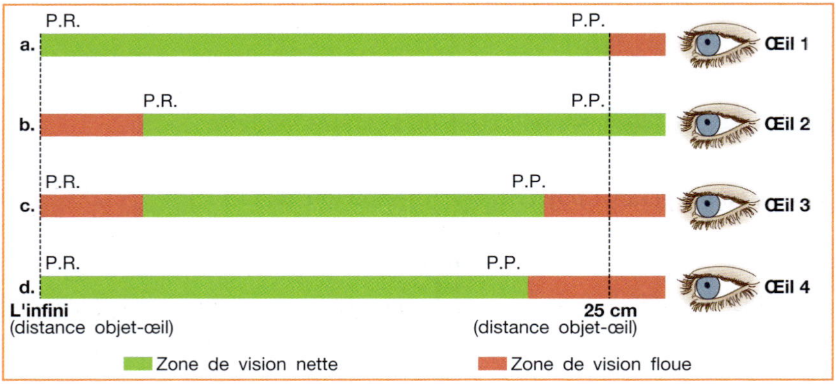


**3.** À l'aide de vos connaissances, préciser à quoi correspondent dans l'œil réel les éléments 1 et 2 des schémas du document 2.

**4.** En vous aidant du document 1 et de vos acquis, indiquer lequel des schémas du document 2 modélise le système oculaire après accommodation.

**5.** Tracer, sur chaque schéma du document 2, deux rayons lumineux partant de B et passant par B'.

**6.** En utilisant les informations des documents et en vous appuyant sur vos connaissances, expliquer si la presbytie est corrigée par des verres divergents ou bien par des verres convergents.

**DÉMARRONS ENSEMBLE**

**1.** Rappelez-vous dans quelle partie de l'œil se déroule l'accommodation.
**2.** P.P. est le sigle de punctum proximum et P.R. celui de punctum remotum. Utilisez les informations du document 1 pour repérer si la presbytie touche la vision de près ou la vision lointaine ; elle n'affecte en aucun cas les deux !
**3.** Il s'agit, ici, de mettre en correspondance deux des éléments essentiels du modèle optique de l'œil – la lentille et l'écran – avec l'œil réel.
**4.** Commencez par expliquer en quoi consiste l'accommodation. Associez ensuite le bon schéma à ce processus oculaire.
**5.** Mobilisez vos connaissances sur les rayons particuliers qui permettent d'obtenir l'image d'un objet à travers une lentille convergente.
**6.** Si l'œil presbyte accommode mal, où l'image des objets regardés se forme-t-elle ? Quel type de verres correcteurs faut-il utiliser pour corriger ce défaut visuel ?

## CORRIGÉ

**1.** La réponse correcte est la réponse **c**. Avec l'âge, l'œil accommode moins bien car le cristallin perd en souplesse et le muscle ciliaire a moins de force.

**2.** Le schéma **d** définit correctement la zone de vision nette d'un œil presbyte : la vision lointaine est inchangée, par contre la vision proche devient de plus en plus difficile ; il en découle une « gêne » à « la lecture » et à « l'écriture » évoquée dans le document 1.

**3.** Lorsque l'on assimile l'œil à un système optique simplifié, on représente :

l'**ensemble de ses milieux transparents** – cornée, cristallin, humeurs – par une **lentille convergente** (élément 1) ;

la **rétine** par un **écran** (élément 2).

**4.** Un œil normal (emmétrope) donne, au repos, une image nette sur la rétine d'un objet situé à l'infini. Si cet objet se rapproche, il est nécessaire que le cristallin devienne plus convergent pour que l'image demeure sur la rétine : ce processus oculaire s'appelle l'accommodation.

> L'**accommodation** est un processus réflexe au cours duquel la vergence du cristallin s'adapte à l'éloignement de l'objet regardé. → fiche 4

Le schéma a modélise cet œil qui accommode car l'image d'un objet proche se forme bien sur l'écran « rétine ».

5. Tracé de rayons lumineux pour l'œil qui accommode (schéma a) et l'œil qui n'accommode pas (schéma b).

→ rabats

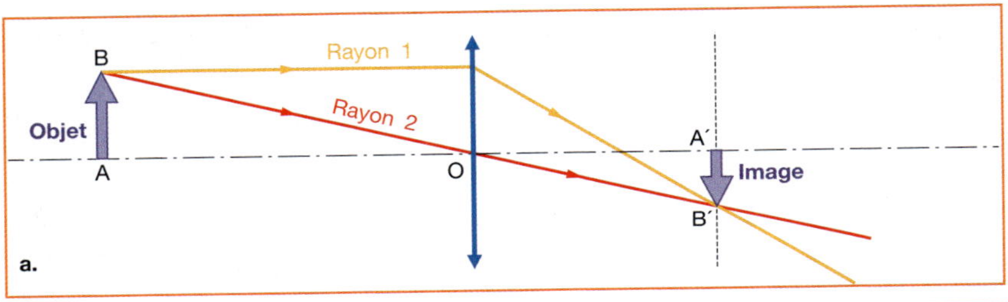


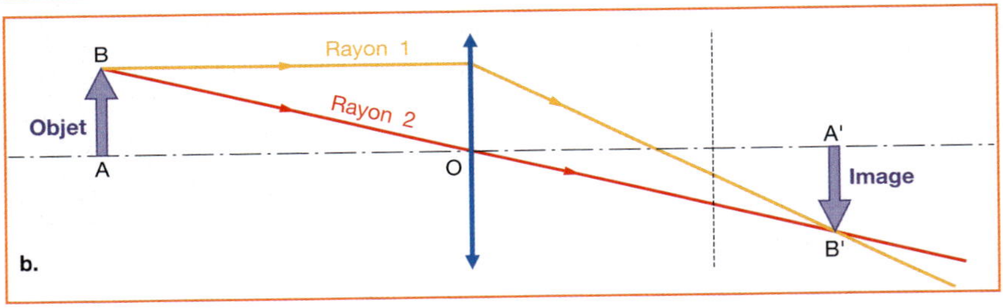


6. Avec le vieillissement, le cristallin perd une partie de ses capacités d'accommodation (fatigue des muscles de l'accommodation ou perte de souplesse du cristallin) : l'œil est presbyte. Le point le plus rapproché que l'œil peut voir net – le punctum proximum – s'éloigne de plus en plus de l'œil. L'image de l'objet « trop proche » se forme alors « en arrière » de la rétine : l'œil n'est plus assez convergent.

Pour compenser ce défaut visuel, la personne doit porter des lentilles convergentes.

Comme la vision de loin d'une personne **presbyte** reste bonne, la vergence du verre correcteur ne doit pas être homogène : le verre est progressif.

REPRÉSENTATION VISUELLE

# Vision du monde : de l'œil au cerveau

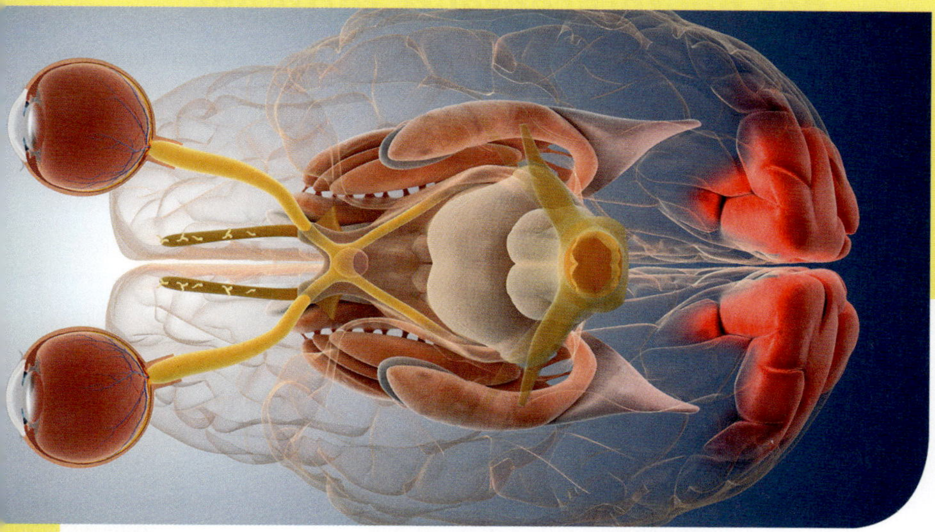

Modélisation des structures anatomiques des yeux au cortex visuel.

## FICHES



## BILAN



## SUJETS CORRIGÉS

# 5 Caractéristiques des photorécepteurs rétiniens

**L'œil est l'organe sensoriel spécialisé dans la vision : les rayons lumineux qui pénètrent dans l'œil permettent la formation d'une image sur la rétine. L'étude de l'organisation de la rétine permet de comprendre son rôle essentiel dans la perception visuelle.**

## I La rétine, une membrane photosensible

- La rétine est la membrane la plus interne de l'œil. Accolée contre la choroïde, c'est une enveloppe très mince parcourue de nombreux vaisseaux sanguins.

→ fiche 2

- La rétine est un **tissu nerveux** qui correspond au prolongement du nerf optique dans le globe oculaire. Elle est constituée de neurones dont certains sont sensibles à la lumière : les **photorécepteurs**.

La **rétine** est formée de trois couches de cellules nerveuses. Les photorécepteurs constituent la couche la plus interne accolée contre la choroïde.

## II Deux types de photorécepteurs

- La rétine possède deux types de photorécepteurs :
- les **bâtonnets** avec un segment externe de forme cylindrique ;
- les **cônes** avec un segment externe de forme conique (doc. 1).

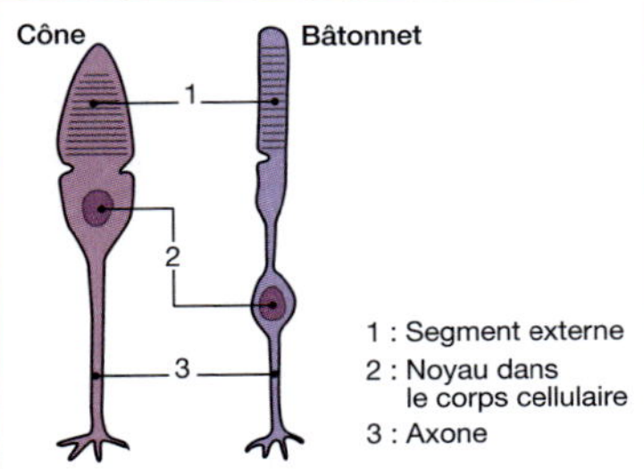


**Doc. 1. Les deux types de photorécepteurs.**

- Le segment externe des photorécepteurs est spécialisé dans la photoréception : il renferme des **pigments rétiniens** qui sont des **protéines** appartenant toutes à une même famille moléculaire, celle des opsines.

Comme toutes les protéines, les **opsines** sont codées génétiquement. → fiche 7

## III Pigments rétiniens et perception du signal lumineux

■ Il n'existe qu'un seul type de bâtonnets, car ils renferment tous le même pigment (la rhodopsine).

■ Il existe en revanche **trois types de cônes**. Chaque type de cônes possède un pigment ayant un maximum d'absorption pour une radiation de longueur d'onde donnée **(doc. 2)** :

- les **cônes de type S** (= *short*) contiennent une opsine S « sensible au bleu », absorbant surtout les radiations de courte longueur d'onde du visible ;
- les **cônes de type M** (= *medium*) contiennent une opsine M « sensible au vert », absorbant surtout les radiations de moyenne longueur d'onde du visible ;
- les **cônes de type L** (= *long*) contiennent une opsine L « sensible au rouge », absorbant surtout les radiations de grande longueur d'onde du visible.

■ Les cônes de type S sont les moins nombreux (2 %), ceux de type L les plus nombreux (64 %) et ceux de type M représentent 32 % des cônes.

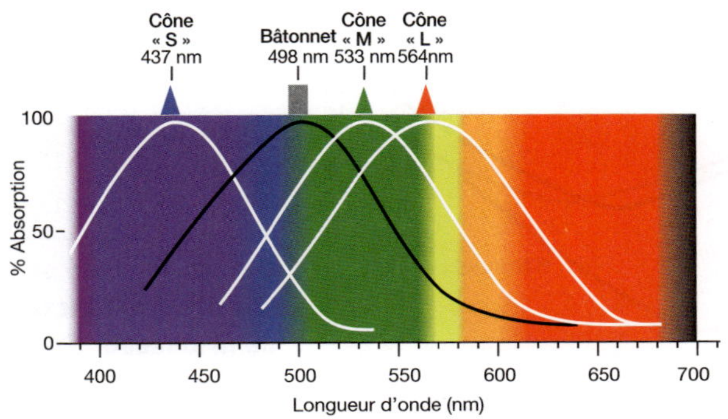


**Doc. 2. Absorption des différentes radiations lumineuses par les pigments rétiniens.**

■ Un type de cônes ne peut pas être responsable à lui seul de la vision d'une couleur : les spectres de ces cônes se superposant partiellement, un stimulus lumineux d'une longueur d'onde donnée sera plus ou moins absorbé par chaque type de cônes. Cette plus ou moins grande absorption de la lumière par les trois types de cônes est à l'origine de notre sensibilité visuelle des couleurs, dite **trichromatique**.

Une radiation de **longueur d'onde** de 500 nanomètres (nm) est surtout absorbée par les cônes « verts » et peu par les cônes « rouges » et « bleus ». Les messages nerveux envoyés par ces trois types de cônes n'auront donc pas la même intensité.

# 6 Propriétés des photorécepteurs et vision du monde

**Les photorécepteurs ont un rôle essentiel dans la perception visuelle. Certaines caractéristiques de notre vision dépendent des propriétés et de la répartition de ces cellules réceptrices dans la rétine.**

## I Des photorécepteurs aux propriétés différentes

- Les **bâtonnets** sont plus sensibles à la lumière que les cônes **(doc. 1)**, en revanche leur temps d'adaptation aux changements de conditions d'éclairement (par exemple, lorsqu'on passe d'un endroit éclairé à un endroit sombre) est plus long que celui des cônes. Avec un seul type de pigment, ces récepteurs ne peuvent pas distinguer les couleurs.

La **différence de sensibilité** entre les cônes et les bâtonnets permet à l'œil humain de s'accommoder à des niveaux d'éclairement très variables.

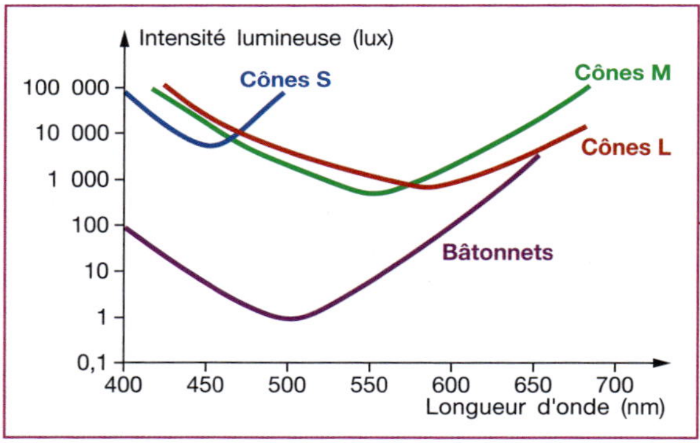


**Doc. 1. Seuil de sensibilité en fonction de la longueur d'onde des quatre types de photorécepteurs.**

- Les **cônes** ne fonctionnent que si la luminosité est importante, mais peuvent s'adapter très rapidement à des changements d'intensité et permettent une vision haute résolution des objets.

## II Vision et conditions d'éclairement

- Dans les conditions de faible éclairement (vision pré-nocturne), seuls les bâtonnets sont stimulés : la faible acuité et la non-distinction des couleurs fait que notre perception des objets est floue et dans les nuances de gris, d'où l'expression « La nuit tous les chats sont gris ! ».

■ Pour des éclairements plus importants (vision diurne), les bâtonnets étant saturés, seuls les cônes sont fonctionnels et permettent ainsi une perception colorée et précise des objets.

## III Vision centrale et périphérique

■ Chaque rétine possède de **5 à 7 millions de cônes** pour environ **130 millions de bâtonnets**. Cependant, la répartition de ces photorécepteurs n'est pas la même.

→ rabats

– Au niveau de la **rétine centrale** (région de la **fovéa**), il y a principalement des cônes. C'est donc dans cette zone que l'acuité visuelle **(doc. 2)** et la vision des couleurs sont optimales.

– En dehors de la fovéa, les cônes sont rares, les bâtonnets sont de plus en plus nombreux à la périphérie de la rétine : dans cette zone, l'acuité visuelle est donc faible **(doc. 2)** et la vision des couleurs mauvaise.

■ De plus, une zone précise de la rétine nommée « point aveugle » est dépourvue de photorécepteurs **(doc. 2)** et donc de sensibilité à la lumière : ce point est situé à l'endroit où les fibres des neurones se rejoignent pour former le nerf optique.

→ rabats

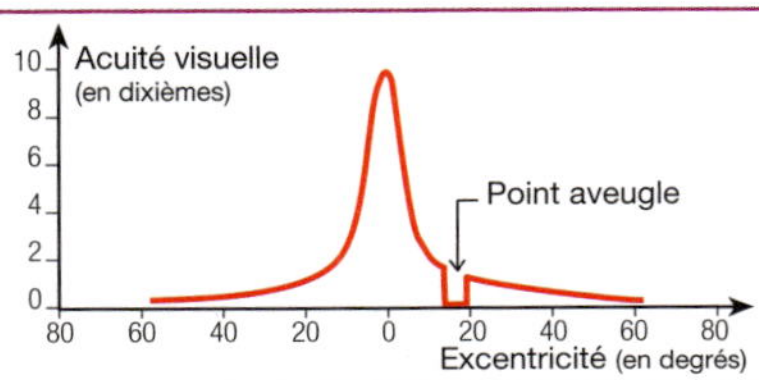


**Doc. 2. Variation de l'acuité visuelle selon l'éloignement de l'objet par rapport à l'axe optique.**

## IV Visions du monde altérées par des anomalies des photorécepteurs

■ Dans la forme la plus commune du daltonisme, les personnes affectées sont incapables de différencier le rouge du vert. Cette anomalie est liée à l'absence de cônes M sensibles aux radiations vertes.

■ **L'achromatopsie** : les individus atteints sont incapables de reconnaître les couleurs. Ils sont achromates. Ils ne distinguent les éléments qui les entourent que par différentes intensités lumineuses et par des niveaux de gris. Une des formes de cette déficience s'explique par une absence des pigments qui permettent de voir les couleurs.

Le **daltonisme** doit son nom au Britannique John Dalton qui a décrit, en 1798, son propre trouble de perception des couleurs.

# 7 Étude comparée des pigments rétiniens des Primates

**Les troubles de la vision des couleurs sont liés au dysfonctionnement de certains photorécepteurs. Lors de l'étude de ces troubles, un déterminisme génétique des pigments rétiniens a pu être démontré.**
**Il est le résultat d'une longue histoire évolutive.**

## I Les pigments rétiniens déterminés génétiquement

■ Comme toute protéine, chaque pigment photosensible ou **opsine** est codé par un gène.

■ Chez l'Homme, les gènes codant pour l'opsine L « sensible au rouge » et l'opsine M « sensible au vert » sont localisés sur le chromosome X ; le gène codant pour l'opsine S « sensible au bleu » est localisé sur le chromosome 7.

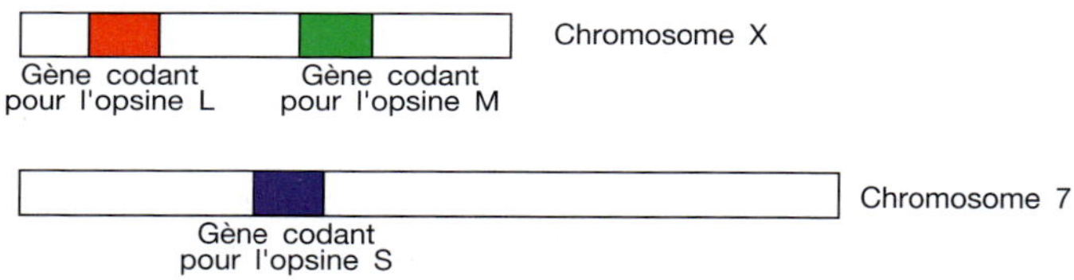


**Doc. 1. Localisation chromosomique des gènes codant pour les opsines humaines.**

■ Des anomalies de la vision des couleurs, **d'origine génétique**, confirment la localisation des gènes codant pour les opsines humaines. C'est le cas par exemple des deux anomalies suivantes : daltonisme et achromatopsie, toutes deux liées à une anomalie génétique sur le **chromosome X**.

– Le **daltonisme** est beaucoup plus fréquent chez les hommes (8 % de la population française) que chez les femmes (0,6 %). L'homme n'ayant qu'un seul chromosome X, toute mutation sur le gène codant pour l'opsine L ou M peut entraîner une forme de daltonisme.

– L'**achromatopsie** incomplète est une anomalie de la vision des couleurs dans laquelle un seul type de cônes reste fonctionnel, les cônes S (sensibles au bleu).

> Il existe de nombreuses formes de daltonisme en fonction du type de **mutation** qui affectent les gènes codant pour les opsines.

## II Étude comparée des pigments rétiniens et place de l'Homme parmi les Primates

- Chez les **Primates**, certaines espèces possèdent deux gènes codant pour les opsines ; leur vision est donc **dichromatique**. En revanche, les Primates Catarrhiniens (Chimpanzé, Gorille, Orang-outan, Macaque…) possèdent tous, comme l'Homme, trois gènes codant pour les opsines : ils partagent donc avec l'Homme le caractère de la vision **trichromatique**.
- Tous les Primates possèdent le gène codant pour une opsine S « sensible au bleu ». Il est donc possible d'établir des **relations de parenté** au sein du groupe des Primates à partir de la **comparaison de ce pigment**.
- La comparaison des séquences d'acides aminés des opsines S chez quelques primates permet de construire la **matrice d'identité** suivante **(doc. 2)**.

| | Bonobo | Chimpanzé | Gorille | Macaque | Capucin |
|---|---|---|---|---|---|
| **Homme** | 100 % | 100 % | 99,7 % | 96 % | 92,5 % |

**Doc. 2. Pourcentage d'identité entre les molécules d'opsine S de quelques Primates.**

- Lorsque des gènes ou des protéines présentent beaucoup de similitudes dans leurs séquences, on les qualifie de **molécules homologues**. Plus les similitudes entre des molécules homologues sont grandes, plus les espèces qui les possèdent sont apparentées.
- L'Homme, ayant des opsines S très similaires au Bonobo (Chimpanzé nain), au Chimpanzé et au Gorille, est donc, parmi les Primates, **plus apparenté** à ces « grands singes » **(doc. 3)**.

L'**Homme**, les deux Chimpanzés et le Gorille constituent le groupe des Hominoïdes (singes sans queue). Leurs vertèbres terminales sont atrophiées et soudées pour former le coccyx.

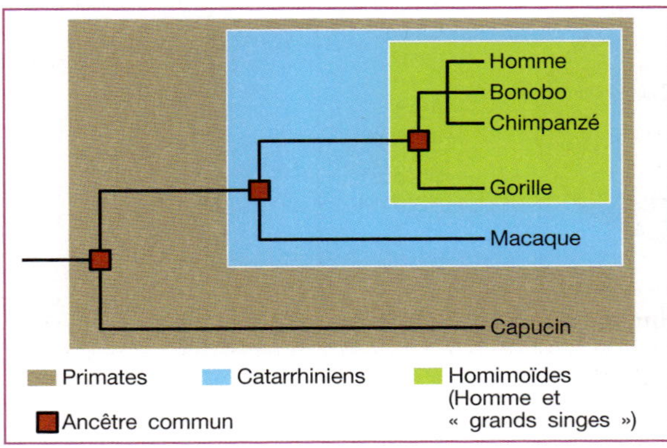


**Doc. 3. Arbre de parenté établi à partir de la comparaison des molécules d'opsines de quelques Primates.**

# 8 Des photorécepteurs aux aires visuelles cérébrales

Si l'œil est bien un système optique, notre représentation visuelle du monde est le résultat d'une construction cérébrale. Les signaux lumineux perçus par les photorécepteurs de la rétine génèrent des messages nerveux transmis par des voies nerveuses vers certaines régions cérébrales.

## I Du signal lumineux au message nerveux visuel

- Les **cellules photosensibles** de la rétine (cônes et bâtonnets) sont des neurones qui convertissent le signal lumineux qu'ils perçoivent en **signal nerveux**.
- La lumière absorbée par les pigments photosensibles permet donc l'élaboration globale d'un **message nerveux visuel**, de nature électrique, qui sera ensuite acheminé par le nerf optique vers le cerveau.

Les **neurones rétiniens** élaborent un message nerveux sous la forme d'une série de signaux électriques très brefs et d'une amplitude de 0,1 volt environ.

## II De la rétine au cerveau : les voies empruntées par le message nerveux

- Le champ visuel est la région de l'espace dans laquelle un œil, immobile et fixé sur un point, est capable de détecter des stimuli visuels. Il est séparé en deux parties : le champ nasal (vers le nez) et le champ temporal (vers la tempe) **(doc. 1)**.

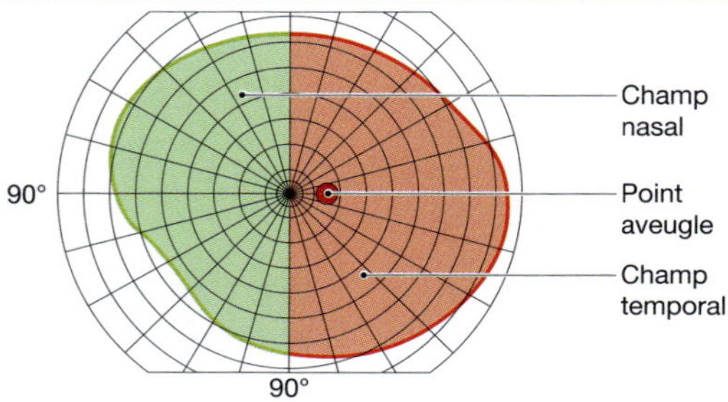


**Doc. 1. Un exemple de limites du champ visuel de l'œil droit.**

- Des pertes de champ visuel liées à des lésions accidentelles permettent de reconstituer les voies nerveuses empruntées par le message nerveux visuel.
- Les fibres nerveuses du nerf optique transportent les messages nerveux visuels issus de la rétine de chacun des deux yeux vers une zone de croisement des voies nerveuses : le **chiasma optique (doc. 2)**.
- Les messages nerveux sont ensuite transmis à d'autres neurones connectés à une aire cérébrale spécialisée : le **cortex visuel primaire**, par l'intermédiaire de la zone du relais cérébral.
- Au niveau du chiasma optique, seules les **fibres nerveuses** qui transportent les informations issues des **champs visuels temporaux se croisent**. Par conséquent, chaque cortex visuel reçoit les informations issues du champ visuel nasal d'un œil et les informations issues du champ temporal de l'autre œil. Les parties droites de chaque champ visuel sont donc analysées par le cortex visuel gauche et vice versa.

Il est important de relier la localisation des lésions avec les **pertes de champ visuel** afin de reconstituer le trajet emprunté par les messages nerveux de la rétine au cortex visuel primaire.
➜ rabats

Les deux **champs visuels** séparés ici sur le doc. 2 se superposent pour constituer un seul champ visuel droit et gauche pour chaque œil.

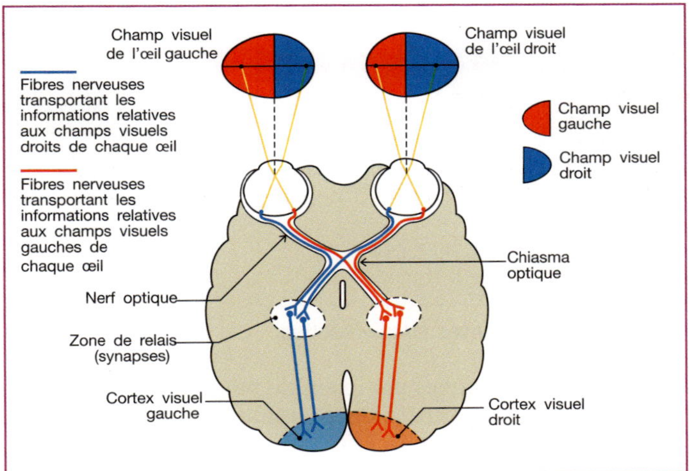


**Doc. 2. Les voies nerveuses, de la rétine au cerveau.**

# 9 Aires cérébrales et perception visuelle

**L'identification des régions cérébrales responsables de la perception visuelle a été établie à partir de cas cliniques de lésions cérébrales ainsi qu'à partir de données d'imagerie fonctionnelle du cerveau.**

## I Identification des aires visuelles

■ La partie superficielle du cerveau se nomme le **cortex**. Cette surface est découpée en différentes aires qui ont des fonctions différentes. Les **aires visuelles** se situent à l'arrière des deux hémisphères, au niveau du lobe occipital et des lobes temporaux **(doc. 1)**.

■ Il existe de nombreuses aires cérébrales impliquées dans la vision : une aire visuelle primaire et de nombreuses aires visuelles secondaires. L'ensemble constitue le **cortex visuel**.

Plus le nombre de neurones en activité d'une aire cérébrale est élevé, plus le débit sanguin est important à son niveau. Il est donc possible de localiser les **aires cérébrales** en activité en mesurant le débit sanguin.

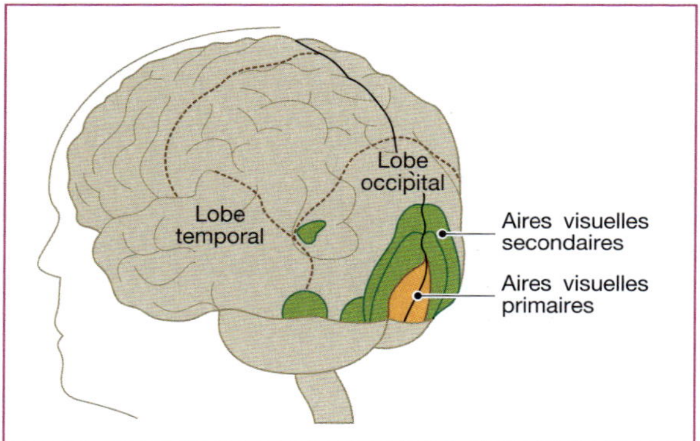


**Doc. 1. Localisation des différentes aires visuelles.**

■ Des lésions cérébrales, provoquées par exemple par un accident vasculaire cérébral, ont permis de connaître la fonctionnalité des différentes aires visuelles.

– Une lésion partielle de l'aire visuelle primaire entraîne l'impossibilité de voir dans une région du champ visuel. Une lésion totale de l'aire visuelle primaire entraîne la perte complète de la vision.

– L'achromatopsie cérébrale est une perte de la vision des couleurs chez des personnes ayant subi une lésion du cortex visuel, à la périphérie de l'aire visuelle primaire. Cependant, elles perçoivent parfaitement les formes et le mouvement.

■ Les techniques d'imagerie fonctionnelle permettent de repérer les zones actives du cortex cérébral : celles-ci sont caractérisées par des variations minimes de la circulation sanguine. Ces techniques ont permis d'observer les aires activées dans différentes situations (doc. 2).

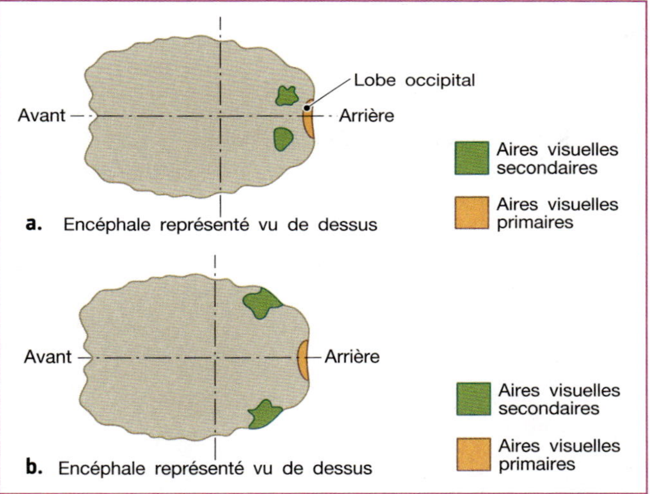


**Doc. 2. Aires visuelles activées dans différentes situations.**
**a.** Personne ayant des illusions avec des couleurs intensifiées.
**b.** Personne ayant des illusions avec des formes distordues.

## II Aires visuelles et perception visuelle

■ Ces différentes données montrent que les messages nerveux provenant des deux rétines arrivent d'abord dans l'aire visuelle primaire. Puis, l'information est traitée en parallèle dans différentes aires spécialisées, par exemple dans la reconnaissance des couleurs, des formes, ou du mouvement.

■ Les aires spécialisées du cortex peuvent être séparées en deux grands ensembles de traitement : celui du « où » qui permet la localisation et la perception du déplacement des objets et celui du « quoi » qui assure l'identification des objets par exemple par leur forme ou leur couleur.

À partir des informations perçues par ces **différentes aires**, le cerveau élabore à chaque instant une perception visuelle unifiée.

# 10 Aires cérébrales et plasticité du cerveau

**En une fraction de seconde, notre cerveau reconnaît les mots et accède à leur sens. Cette opération, plus complexe qu'il n'y paraît, résulte d'un long apprentissage.**

## I Aires cérébrales et activité de lecture

Les techniques d'imagerie fonctionnelle montrent que lors d'une activité de lecture (doc. 1) plusieurs aires cérébrales sont activées. En effet, lire une phrase écrite active non seulement les aires visuelles mais aussi les aires du langage oral. Inversement, chez les personnes qui savent lire, entendre un mot active la zone spécialisée dans la reconnaissance de sa forme écrite.

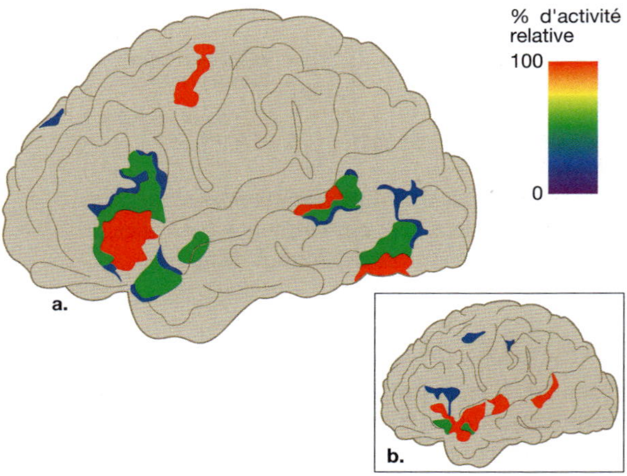


**Doc. 1. Activités des régions cérébrales de l'hémisphère gauche en réponse à la lecture de phrases écrites (a.) par comparaison à celles impliquées dans le langage oral (b.).**

La reconnaissance d'un mot écrit nécessite donc une collaboration entre plusieurs aires cérébrales : les aires visuelles et celles liées au langage et à la mémoire. Voici un texte surprenant que l'on arrive à lire et à comprendre.

> Sleon une édtue de l'Uvinertisé de cmabrrigde, l'odre des ltteers dnas un mto n'a pas d'ipmrotnce, la suele coshe ipmrotnate est que la pmeirère et la drenière soeint à la bnnoe pclae. Le rsete puet êrte dnas un dsérorde ttoal et vuos puoevz tujoruos lrie snas porblème.

## II Apprentissage de la lecture et plasticité cérébrale

- La capacité de pouvoir reconnaître des mots et d'accéder à leur sens résulte d'un long apprentissage qui repose sur la réorganisation de régions cérébrales préexistantes, initialement dédiées à d'autres fonctions mais suffisamment plastiques pour se reconvertir dans l'identification de mots écrits.
- Au cours de l'apprentissage de la lecture, l'activité de l'aire visuelle responsable de la reconnaissance des visages diminue légèrement à mesure que la compétence de lecture augmente.
- En revanche, l'activité de l'aire visuelle spécialisée pour la forme écrite des lettres (doc. 2) augmente à la fois chez les alphabétisés à l'âge adulte et chez ceux scolarisés depuis l'enfance.

La plasticité cérébrale est donc responsable d'une réorganisation partielle du cortex cérébral.

Il faut au moins **trois ans** à un enfant qui apprend à lire pour reconnaître des mots de façon automatique.

Chez les analphabètes, l'**aire visuelle,** qui chez les lecteurs décode les mots écrits, permet la reconnaissance visuelle des objets et des visages.

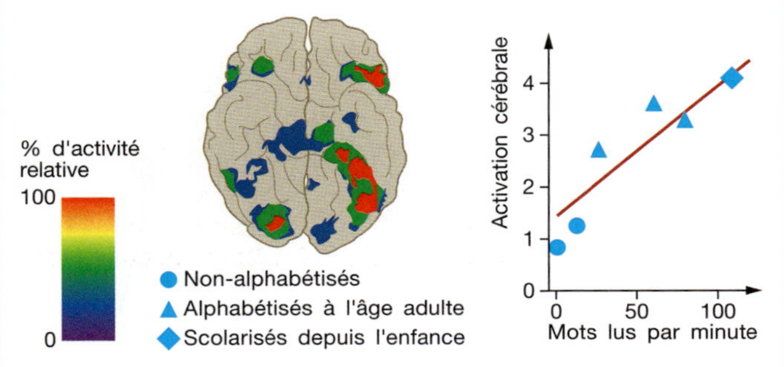


**Doc. 2. Activité de l'aire visuelle spécialisée dans l'analyse de la forme des lettres pour différents individus.**

# 11 La chimie de la perception : la transmission synaptique

**La perception visuelle nécessite une communication nerveuse entre la rétine et le cortex visuel. Elle implique aussi, comme lors d'une activité de lecture, une communication nerveuse au sein même du cerveau entre différentes aires cérébrales.**

## I Communication nerveuse et synapses

- La perception visuelle n'est possible que si le message nerveux visuel transporté par le nerf optique est transmis, au niveau du relais cérébral, aux neurones reliés aux aires visuelles. Cette transmission s'effectue au niveau de zones de communication entre les neurones : les **synapses**.

- Chaque synapse est caractérisée par l'existence d'une **fente synaptique**, de 20 à 30 nm de large, qui sépare la membrane du neurone présynaptique de la membrane du neurone postsynaptique **(doc. 1)**.

- Les membranes des deux neurones n'étant pas directement en contact, le message nerveux, sous sa forme électrique, ne peut pas passer d'un neurone à l'autre.

Une **synapse** est constituée par des terminaisons de l'axone du neurone présynaptique appelée bouton synaptique qui entre en contact avec le neurone postsynaptique.

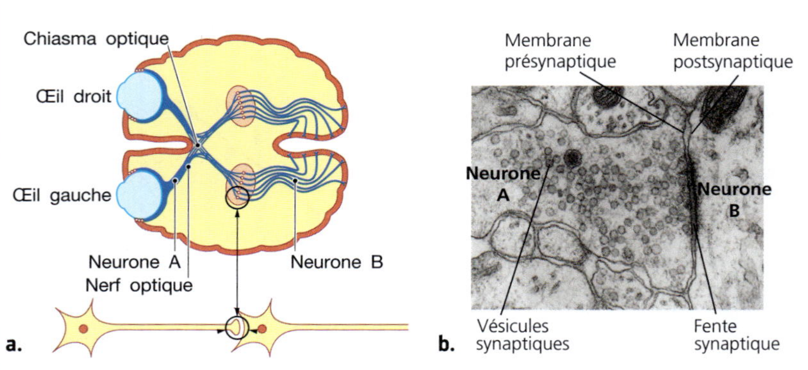


**Doc. 1.** **Communication entre les neurones et transmission du message nerveux.**

## II Synapses et transmission chimique du message nerveux

- La transmission du message nerveux au niveau d'une synapse est assurée par l'intermédiaire d'une **substance chimique**, le neurotransmetteur.
- Les molécules de neurotransmetteurs sont stockées dans les nombreuses **vésicules présynaptiques**, situées à l'extrémité du neurone présynaptique.
- Les différentes étapes de la transmission du message d'un neurone à l'autre sont les suivantes (doc. 2) :

– l'arrivée ❶ d'un message nerveux électrique au niveau de la terminaison du neurone présynaptique provoque la libération ❷, dans l'espace synaptique, des **neurotransmetteurs** (substance chimique) ;

– la fixation ❸ des neurotransmetteurs sur des **récepteurs spécifiques** situés sur la membrane du neurone postsynaptique, déclenche ❹ la genèse d'un **message nerveux postsynaptique** de nature électrique ;

– les neurotransmetteurs sont rapidement dégradés et les produits de dégradation sont recapturés par le neurone présynaptique pour être recyclés ❺. L'effet qu'ils provoquent ne dépasse pas 10 à 15 millisecondes.

L'organisation et le mode de fonctionnement d'une synapse imposent une circulation **unidirectionnelle** au message nerveux qui ne peut être transmis que du neurone présynaptique vers le neurone postsynaptique.

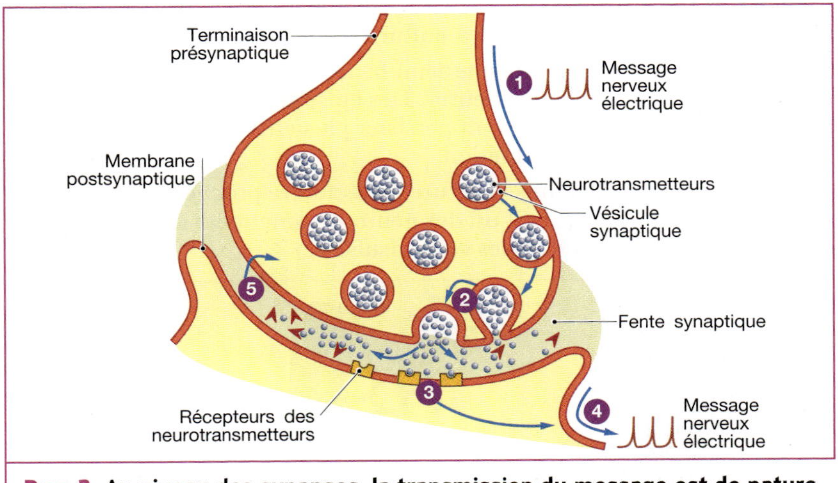


**Doc. 2. Au niveau des synapses, la transmission du message est de nature chimique.**

# 12 Les perturbations chimiques de la perception

**La transmission du message nerveux visuel fait intervenir des substances chimiques, les neurotransmetteurs. C'est la raison pour laquelle certaines drogues peuvent entraîner des troubles de la perception visuelle, mais aussi du comportement. La consommation de drogues présente donc des dangers aussi bien au niveau individuel que sociétal.**

## I Drogues et perturbations

- Certaines substances sont dites **hallucinogènes** : elles perturbent la perception visuelle de l'individu qui les absorbe.
- De nombreuses substances hallucinogènes sont présentes naturellement dans des végétaux (certains champignons notamment), d'autres sont des produits de synthèse, c'est le cas du LSD, « acide » synthétisé à partir d'une substance extraite d'un champignon parasite (l'ergot de seigle).

**LSD** ou acide lysergique diéthylamide.

- Le LSD est le plus puissant des hallucinogènes connus.

– Les doses faibles font apparaître des **illusions visuelles** : couleurs intensifiées, luminosité accrue, formes distendues et semblant animées de mouvements.

– À plus forte dose la personne va « voir » des objets, des personnes... que ses yeux ne perçoivent pas : on parle d'**hallucinations**.

- Les effets du LSD surviennent une demi-heure après l'ingestion et durent entre cinq et douze heures. Des épisodes d'hallucinations ou « **flash-back** » peuvent persister plusieurs jours ou semaines après une consommation.

Ces **épisodes d'hallucination** se produisent généralement de façon brutale, sans signes précurseurs.

- La molécule de LSD a une structure moléculaire proche de celle de la **sérotonine**, qui est un des neurotransmetteurs des synapses de la zone de relais des voies visuelles.

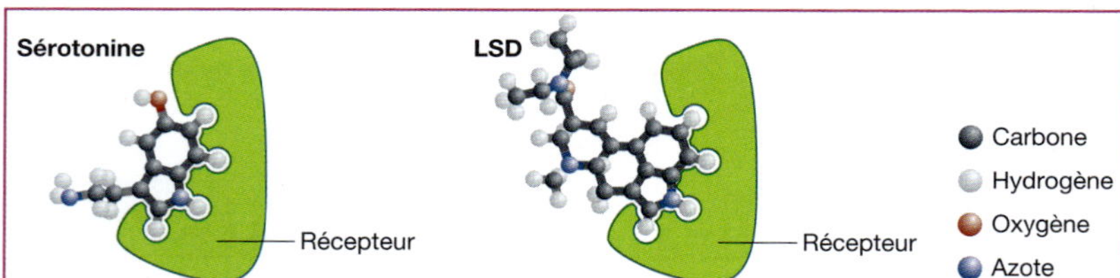


**Doc. 1. Modélisation des molécules de sérotonine et de LSD.**

Cette similitude de structure permet au LSD d'agir au niveau des synapses, en se fixant sur les mêmes récepteurs que la sérotonine (doc. 1), provoquant ainsi des perturbations dans la transmission du message nerveux visuel, à l'origine des hallucinations.

## II Dangers de la consommation des drogues

Les neurotransmetteurs impliqués dans la vision participent à la transmission des messages nerveux dans d'autres régions du cerveau. C'est pourquoi les substances hallucinogènes entraînent des troubles de l'organisme caractéristiques des drogues (bad trip) : troubles de la mémoire, crises de panique, d'angoisse pouvant aller jusqu'à la dépression et même conduire au suicide.

Le **bad trip** (de l'anglais « mauvais voyage ») est une mauvaise expérience liée à la prise de drogues entraînant des troubles psychiques graves.

Une **drogue** est une substance psychoactive ou psychotrope, c'est-à-dire qui a des effets sur le psychisme. Les drogues sollicitent anormalement le « système de récompense » et engendrent à terme la possibilité de son déséquilibre permanent. Le fait de ne plus pouvoir s'arrêter de prendre une drogue pour obtenir une sensation de plaisir constitue une **toxicomanie**.

→ fiche 33

Une prise répétée au cours du temps d'une drogue engendre des risques comme :

– l'**accoutumance** ou tolérance : nécessité d'augmenter continuellement les doses prises afin d'obtenir le même effet ;

– la **dépendance physique** : marquée par l'apparition, en cas d'arrêt de prise de drogue, de troubles physiologiques caractéristiques du syndrome d'abstinence : sueurs, vomissements, diarrhées, tremblements, douleurs diverses, etc.

– la **dépendance psychologique** : caractérisée par l'état de manque, c'est-à-dire une souffrance psychologique très difficile à supporter, liée au besoin irrépressible de reprendre régulièrement de la drogue.

La dépendance peut s'installer de façon brusque ou progressive, en fonction de l'individu et de la drogue consommée.

Toute consommation de drogue induit aussi des **risques sociaux** comme les accidents de la route ou domestiques, l'échec scolaire, professionnel ou familial, des violences, la marginalisation, la délinquance…

# Quiz express

Vérifiez que vous avez bien retenu les points clés des **fiches 5 à 12**.

## Caractéristiques des photorécepteurs rétiniens

**1 La rétine :**

☐ **a.** est la membrane la plus externe de l'œil.
☒ **b.** est un tissu nerveux car elle est formée de neurones.
☒ **c.** comporte une zone dépourvue de photorécepteurs.

FICHE 5

## Propriétés des photorécepteurs et vision du monde

**2 Les cônes :**

☐ **a.** sont plus sensibles à la lumière que les bâtonnets.
☒ **b.** permettent une vision haute résolution des objets.
☒ **c.** ont une densité importante dans la fovéa.

**3 La vision centrale :**

☒ **a.** est plus précise que la vision périphérique.
☐ **b.** est très sensible aux faibles éclairements.
☒ **c.** permet de distinguer les couleurs.

FICHE 6

## Étude comparée des pigments rétiniens des Primates

**4 Le daltonisme :**

☐ **a.** est plus fréquent chez les femmes que chez les hommes.
☒ **b.** correspond toujours à l'incapacité de distinguer la couleur rouge de la couleur verte.
☒ **c.** a une origine génétique.

**5 L'étude comparée des opsines :**

☐ **a.** montre que tous les Primates ont une vision trichromatique.
☒ **b.** est possible au sein des Primates car ils possèdent tous une opsine bleue.
☐ **c.** montre que l'Homme est plus apparenté aux Gorilles qu'aux Chimpanzés.

FICHE 7

## Des photorécepteurs aux aires visuelles cérébrales

**6 Le cortex visuel de l'hémisphère droit :**

☒ **a.** reçoit les informations des champs visuels gauches de chaque œil.
☐ **b.** reçoit les informations des champs visuels droits de chaque œil.
☒ **c.** reçoit les informations du champ nasal de l'œil droit et du champ temporal de l'œil gauche.

FICHE 8

## Aires cérébrales et perception visuelle

**7 Les aires visuelles :**

☐ **a.** se situent uniquement au niveau du lobe occipital du cerveau.
☐ **b.** actives du cortex cérébral peuvent être localisées par IRM car le débit sanguin est plus élevé à leur niveau.
☐ **c.** possèdent toutes la même fonction dans la perception visuelle.

FICHE 9

## Aires cérébrales et plasticité du cerveau

**8 L'activité de lecture :**

☐ **a.** nécessite seulement les aires visuelles.
☐ **b.** nécessite la collaboration de plusieurs aires cérébrales.
☐ **c.** résulte d'un long apprentissage au cours duquel le cerveau peut se réorganiser du fait de sa plasticité.

FICHE 10

## La chimie de la perception : la transmission synaptique

**9 Une synapse :**

☐ **a.** est une zone de contact entre deux cellules nerveuses.
☐ **b.** assure la transmission chimique d'un message nerveux de nature électrique.
☐ **c.** contient des vésicules de neurotransmetteurs de part et d'autre de la fente synaptique.
☐ **d.** impose une circulation unidirectionnelle du message nerveux.

FICHE 11

## Les perturbations chimiques de la perception

**10 Les drogues hallucinogènes :**

☐ **a.** possèdent une structure qui ressemble à celle d'un neurotransmetteur.
☐ **b.** peuvent provoquer des « flash-back » plusieurs semaines après leur consommation.
☐ **c.** agissent sur la rétine, ce qui provoque des hallucinations.

FICHE 12

**RÉPONSES**

**1.** b et c • **2.** b et c • **3.** a et c • **4.** c • **5.** b • **6.** a et c • **7.** b • **8.** b et c • **9.** a, b et d • **10.** a et b

# SUJET 5 | La vision du Chat

DURÉE 20 MIN

→ Fiche 6 Propriétés des photorécepteurs et vision du monde

La perception visuelle humaine est caractérisée par une vision trichromatique des couleurs ainsi que par une acuité visuelle importante en lumière du jour. C'est pourquoi la perception visuelle du Chat domestique nous intrigue, car ce dernier est avant tout un animal adapté à la vie nocturne. Qu'en est-il des caractéristiques de la vision de cet animal le jour ?

## DOCUMENT 1 Spectres d'absorption des pigments rétiniens A, B et C contenus dans les différents cônes de la rétine humaine

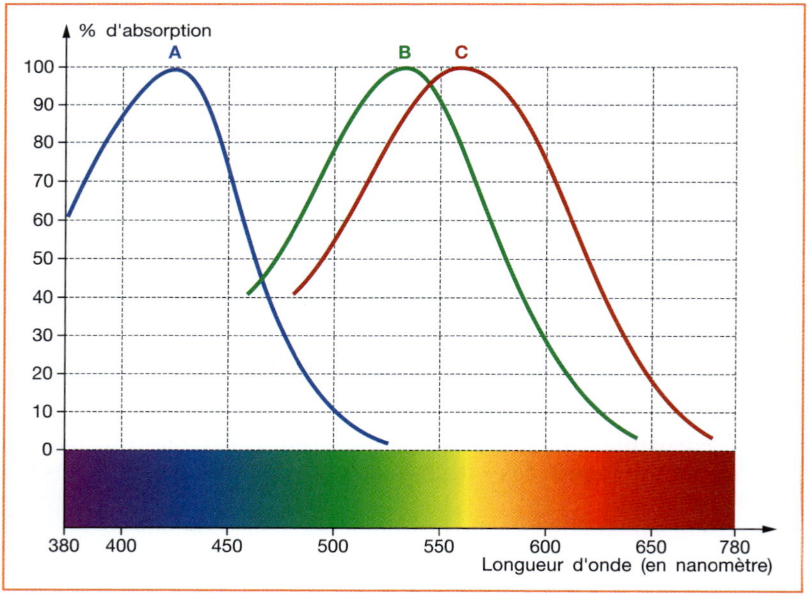


Les cônes de la rétine du Chat ne possèdent que des pigments de type A et B (pas de type C).

## DOCUMENT 2 Densité des cônes dans les rétines de l'Homme et du Chat en fonction de l'excentricité par rapport à la fovéa

La fovéa correspond à la zone centrale de la rétine. Elle est située dans le prolongement de l'axe optique.

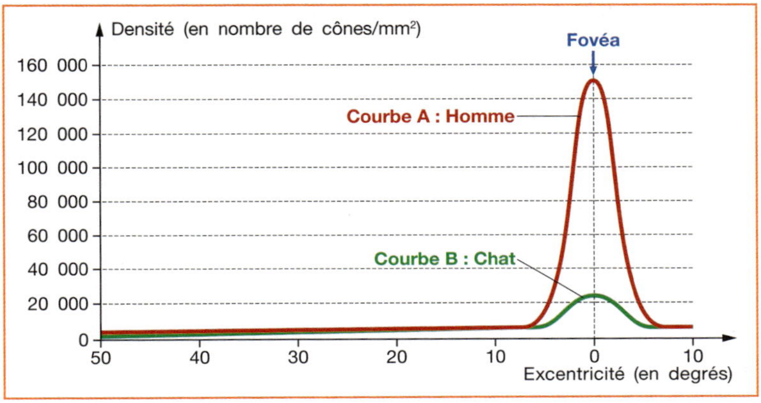


## DOCUMENT 3 Acuité visuelle de la rétine humaine en fonction de l'excentricité par rapport à la fovéa

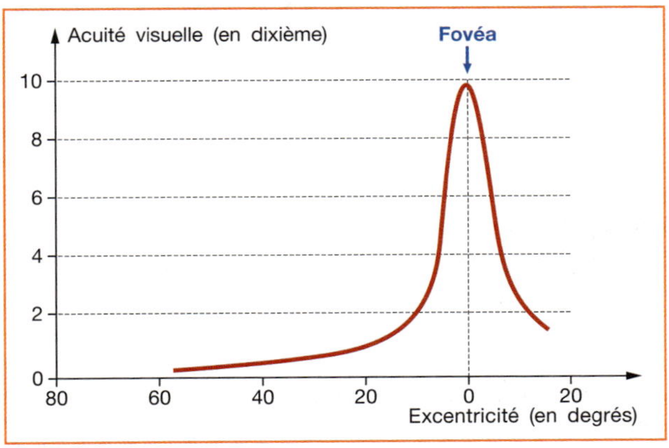


**À partir de la mise en relation des documents, préciser quelles sont les caractéristiques de la vision du Chat le jour.**

**DÉMARRONS ENSEMBLE**

- L'identification des trois types de cônes A, B et C sur le document 1 est à relier avec la vision trichromatique chez l'Homme. L'absence de pigment C chez le Chat vous permettra d'en déduire son type de vision des couleurs.
- La mise en relation des documents 2 et 3 doit vous permettre de caractériser l'acuité visuelle chez l'Homme et d'en déduire celle chez le Chat.

## CORRIGÉ

- Le **document 1** montre qu'il existe trois types de cônes au niveau de la rétine humaine. Chaque type de cônes possède un pigment ayant un maximum d'absorption pour une radiation de longueur d'onde donnée :

– les cônes A absorbent surtout les radiations bleues ;
– les cônes B absorbent surtout les radiations vertes ;
– les cônes C absorbent surtout les radiations rouges.

Les spectres d'absorption de ces cônes se superposant partiellement, un stimulus lumineux d'une longueur d'onde donnée sera plus ou moins absorbé par chaque type de cône. Cette absorption plus ou moins importante de la lumière par les trois types de cônes est à l'origine de la **vision trichromatique** chez l'Homme.

Les cônes de la rétine du Chat ne possèdent pas de pigments de type C, mais uniquement des pigments A et B : ils ne peuvent absorber que les radiations bleues et vertes et ne sont pas sensibles aux radiations rouges. Contrairement à celle de l'Homme, la vision du Chat de jour est donc une **vision dichromatique**.

> La **perception des couleurs chez le Chat** est comparable à celle d'un daltonien qui ne distingue pas les rouges et les violets des bleus.

- Le **document 2** montre que le nombre de cônes est le plus important au niveau de la fovéa aussi bien chez l'Homme que chez le Chat.

Or, d'après le **document 3**, l'acuité visuelle est maximale au niveau de le fovéa. On en déduit que les cônes sont responsables de l'acuité visuelle, c'est-à-dire de la vision nette des objets.

Au niveau de la fovéa, la rétine du Chat posséde un nombre plus faible de cônes que celle de la rétine humaine : environ 20 000 cônes contre environ 150 000 chez l'Homme. Le Chat ne possède donc pas une très bonne acuité visuelle le jour.

- En conclusion, la vision du Chat de jour est une vision en couleur, mais dichromatique, et sans une grande acuité visuelle des objets.

# SUJET 6 | La place de l'Homme parmi les Primates

DURÉE 20 MIN

→ Fiche 7 Étude comparée des pigments rétiniens des Primates

Les relations de parenté chez les Primates peuvent s'établir par la comparaison de l'enchaînement (ou séquence) des acides aminés constituant une protéine commune à tous les représentants de ce groupe.

## DOCUMENT 1 Différences chez certains Primates du pigment photosensible

Le tableau ci-dessous présente le nombre d'acides aminés différents entre les séquences protéiques d'un pigment photosensible présent chez tous ces Primates : l'opsine bleue.

Lorsque des **protéines** présentent beaucoup de similitudes dans leur séquence, on les qualifie de molécules homologues.

| Espèce | Gorille | Homme | Chimpanzé | Macaque |
|---|---|---|---|---|
| Gorille | 0 | 1 | 1 | 14 |
| Homme | | 0 | 0 | 13 |
| Chimpanzé | | | 0 | 13 |
| Macaque | | | | 0 |

**À partir de ce document, préciser parmi les trois arbres de parenté, représentés ci-dessous, celui qui peut être validé (justifier votre réponse pour chaque arbre) et en déduire quel est le Primate le plus proche de l'Homme.**

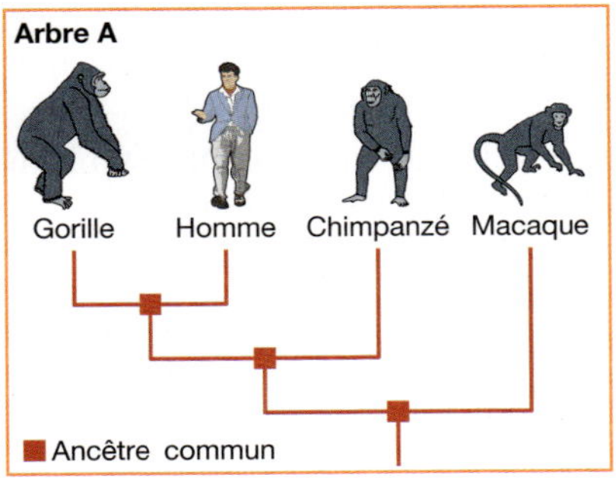


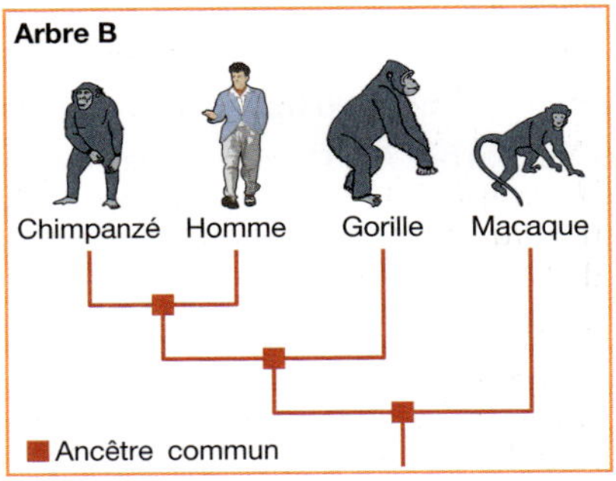

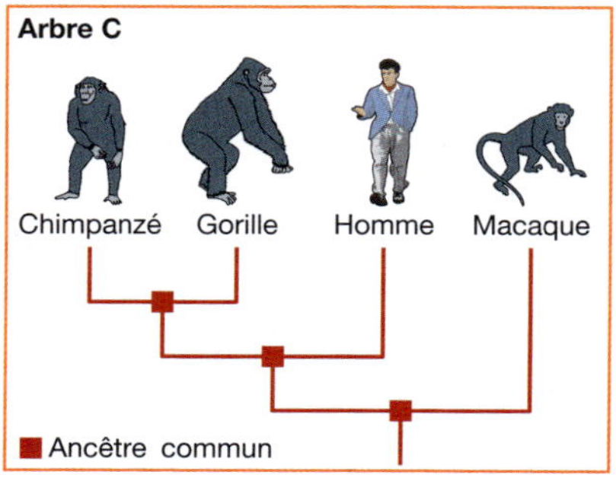


DÉMARRONS ENSEMBLE

- Plus les similitudes entre des molécules homologues sont grandes, plus les espèces qui les possèdent sont apparentées.
- Dans un arbre phylogénétique, deux espèces apparentées partagent un ancêtre commun exclusif situé au nœud des deux branches où sont situées ces deux espèces (schéma ci-dessous).

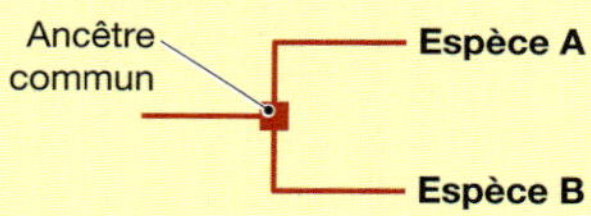


## CORRIGÉ

- L'arbre validé par le tableau des différences entre les séquences protéiques de l'opsine bleue est l'**arbre B** car, dans cet arbre, Homme et Chimpanzé partagent un ancêtre commun exclusif, ce qui est cohérent avec le fait que leurs séquences d'opsines ne présentent aucune différence.
- Sur l'arbre A, l'Homme et le Gorille sont les plus apparentés. Or, le tableau montre que leur opsine possède une différence dans leur séquence, ce qui est plus qu'entre les opsines de l'Homme et du Chimpanzé.
- De même, sur l'arbre C, le Chimpanzé et le Gorille sont les plus apparentés. Or, comme pour l'arbre A, le tableau montre que leurs opsines possèdent une différence dans leur séquence.
- Par la comparaison des séquences protéiques des opsines bleues, le Primate le plus apparenté à l'Homme est donc le Chimpanzé.

# SUJET 7 | Un cas d'anomalie du champ visuel

DURÉE 20 MIN

→ Fiche 8 Des photorécepteurs aux aires visuelles cérébrales

Le champ visuel d'un œil correspond à la région de l'espace dans laquelle un œil immobile, fixé sur un point, est capable de détecter des stimuli visuels. Une femme de 41 ans présente une hémianopsie bilatérale c'est-à-dire une perte de vision pour chaque œil, de la moitié de son champ visuel (doc. 1).

**En mettant en relation le document de référence avec les documents 1 et 2, expliquer l'origine de la perte de vision des deux côtés du champ visuel de cette femme. Votre explication sera accompagnée du document de référence qui sera complété.**

## DOCUMENT 1 Perte de champ visuel chez une patiente atteinte d'hémianopsie bilatérale

**a.** Champ visuel binoculaire de référence.
**b.** Champ visuel binoculaire perçu par la patiente atteinte d'hémianopsie bilatérale.

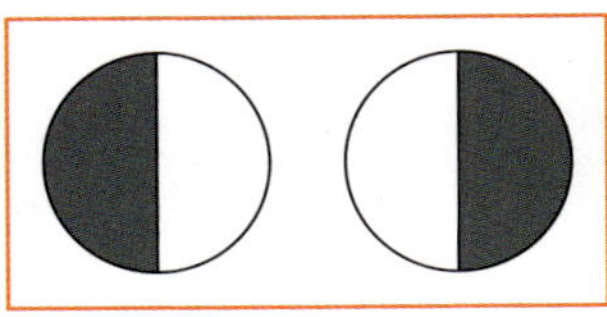

**c.** Schématisation des déficits montrant (en gris) les champs visuels monoculaires amputés et en (blanc) les champs visuels normaux.

## DOCUMENT 2 IRM cérébrales d'une personne témoin

Les IRM cérébrales d'une personne témoin montrent sur une coupe axiale (doc. 2a) et sur une coupe coronale (ou frontale) (doc. 2b) la localisation du chiasma optique. La zone encadrée correspond à la même zone que celle du document 3.

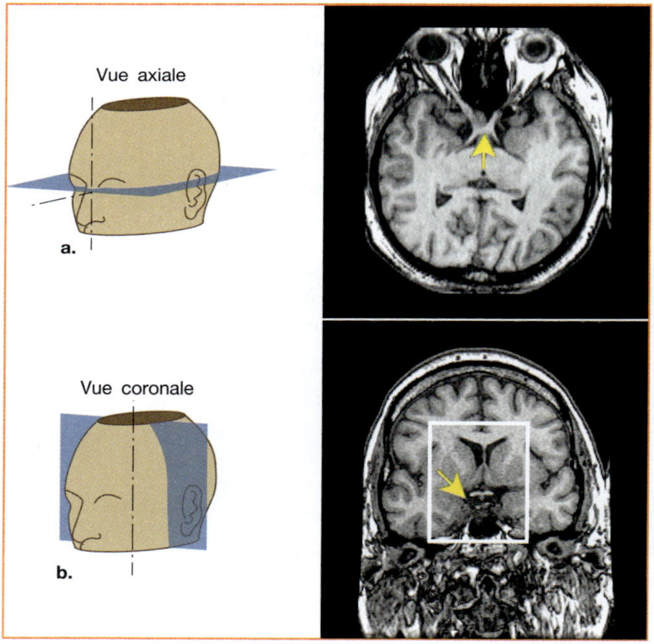


La vue **coronale** ou encore frontale est donnée pour vous permettre de comprendre le doc. 1b. Vous devez trouver l'origine de l'anomalie en mettant en relation le document 1 avec le document de référence qui correspond à une vue axiale du cerveau comme le doc. 2a.

## DOCUMENT 3 IRM cérébrales de la personne atteinte d'hémianopsie bilatérale

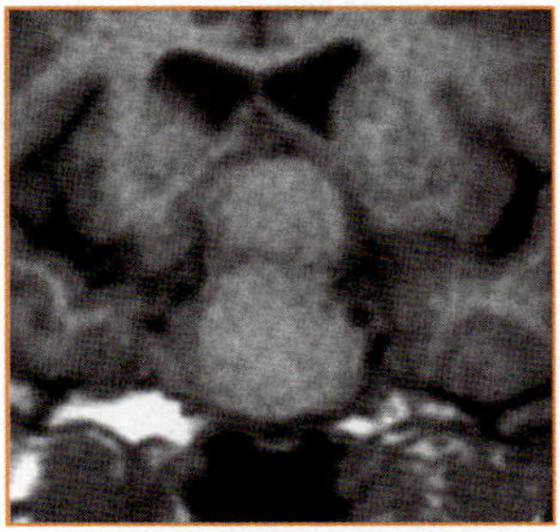

L'IRM du document 3 montre, au centre du cliché, une tâche qui révèle que la patiente est atteinte d'un volumineux adénome (tumeur) hypophysaire. Le territoire cérébral situé à proximité de cet adénome est comprimé, ce qui entraîne un défaut d'irrigation et de fonctionnement. La portion des voies visuelles qui subit cette pression est située dans la région du chiasma optique (voir le document de référence ci-dessous).

## DOCUMENT DE RÉFÉRENCE Les voies visuelles

Le document de référence n'est pas à analyser. Il vous aide à expliquer l'origine des troubles visuels de la patiente.

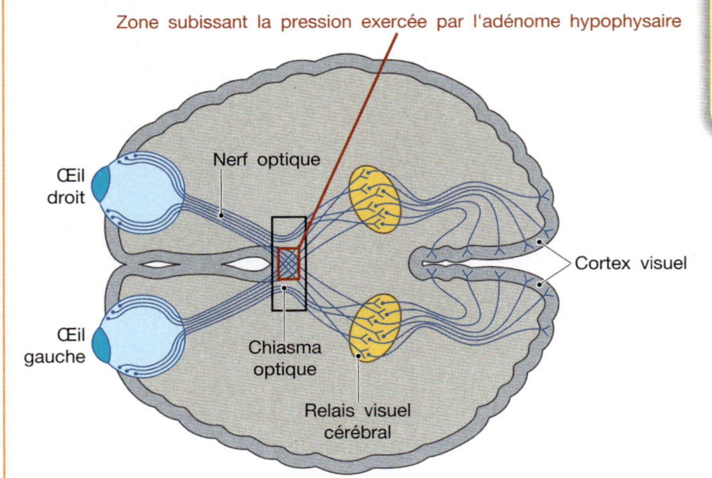

**DÉMARRONS ENSEMBLE**

- Bien identifier sur le document 1 s'il s'agit des champs nasaux ou temporaux qui sont amputés chez cette patiente
- La mise en relation des déficits des champs visuels représentés sur le document 1 avec le tracé des voies visuelles doit vous permettre d'identifier, sur le document de référence, les fibres nerveuses comprimées par la tumeur hypophysaire. Ces dernières ne peuvent plus acheminer le message nerveux de la rétine au cortex visuel.

## CORRIGÉ

- Le **document 1** montre que la femme atteinte d'hémianopsie bilatérale n'a plus de vision au niveau des deux **champs temporaux** de ses deux yeux.
- Or, sur le document de référence, on observe, qu'au niveau du chiasma optique, seules les fibres nerveuses qui transportent les informations issues des champs visuels temporaux se croisent, comme le montre le schéma ci-dessous.

**DOCUMENT** **Les voies nerveuses de la rétine au cerveau**

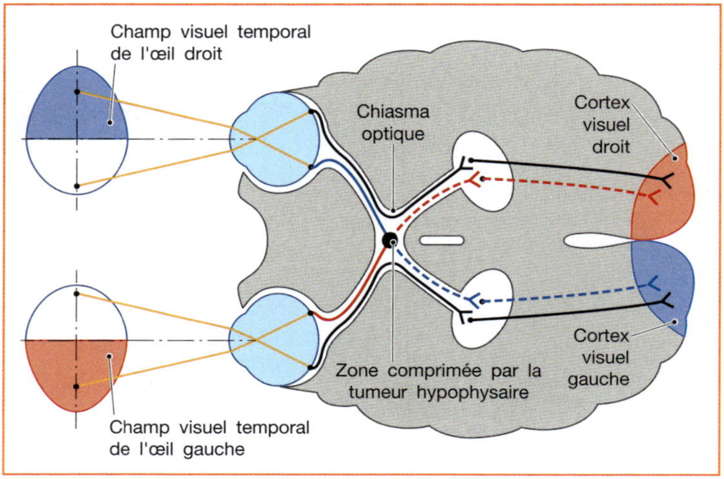


- La tumeur hypophysaire visible sur le **document 3**, en exerçant une compression sur le chiasma optique, entraîne un défaut d'irrigation et empêche ainsi le fonctionnement des fibres nerveuses qui se croisent dans cette région du chiasma optique.

■ Les messages nerveux provenant des deux rétines qui reçoivent les informations des deux champs temporaux ne peuvent donc plus parvenir aux cortex visuels droit et gauche, d'où le déficit visuel constaté pour les deux champs temporaux de la patiente atteinte d'hémianopsie bilatérale.

## SUJET 8 | Un cas d'anomalie de la vision des couleurs

DURÉE 20 MIN

→ Fiche 9 Aires cérébrales et perception visuelle

### DOCUMENT 1 Une patiente atteinte d'hémi-achromatopsie

Une patiente est atteinte d'hémi-achromatopsie, c'est-à-dire qu'elle présente une perte de reconnaissance des couleurs dans son champ visuel gauche. Les couleurs sont remplacées dans son champ visuel gauche par des nuances de gris. En revanche, elle perçoit toujours les couleurs dans son champ visuel droit.

**Sachant que cette patiente ne présente aucune anomalie ni au niveau de la rétine, ni au niveau des voies visuelles, expliquer l'origine de la perte de vision de la couleur du champ visuel gauche de cette patiente, en mettant en relation le document de référence avec les documents 2 et 3.**

## DOCUMENT 2 IRM cérébrale de la patiente atteinte d'hémi-achromatopsie

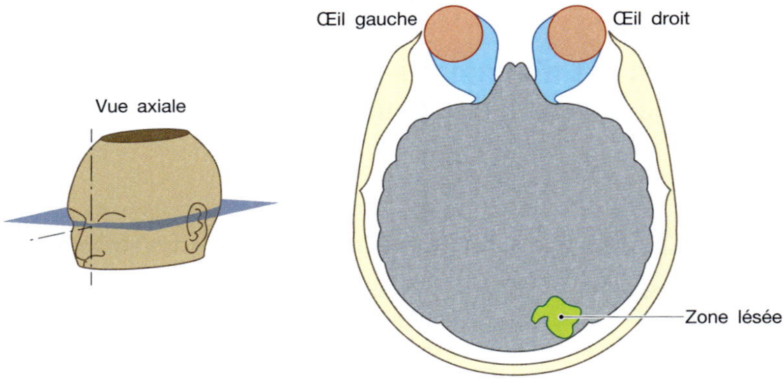


## DOCUMENT 3 Résultats d'IRM fonctionnelles d'une personne témoin dans deux situations

Les techniques d'imagerie fonctionnelle permettent de repérer les zones actives du cortex cérébral : celles-ci sont caractérisées par des variations minimes de la circulation sanguine. Ces techniques ont permis d'observer les aires actives dans différentes situations.

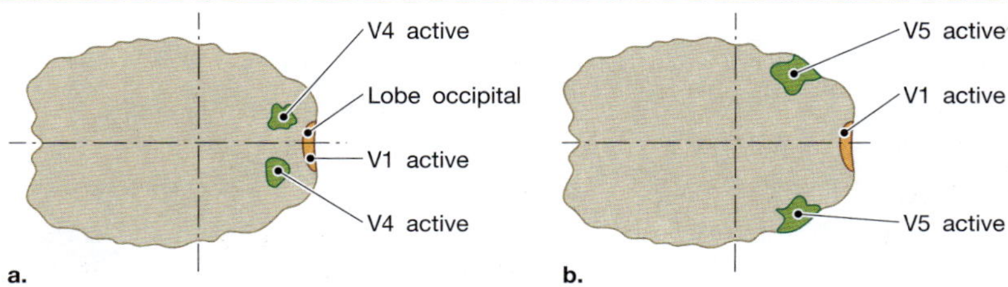


**a.** Quand le témoin a des illusions aux couleurs intensifiées.
**b.** Quand le témoin a des illusions aux formes distordues et en mouvement.
Schémas des encéphales représentés en vues axiales.
V1 correspond à l'aire visuelle primaire.
V4 et V5 désignent aires visuelles secondaires.

**DOCUMENT DE RÉFÉRENCE** **Relation entre champs visuels et cortex visuels**

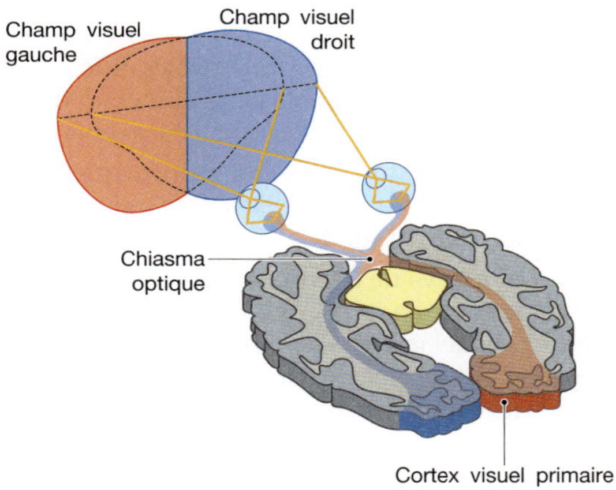


Sur ce document de référence, les champs visuels de chaque œil se superposent pour permettre une vision binoculaire, contrairement au document de référence de l'exercice précédent où ne figurent que des champs monoculaires.

**DÉMARRONS ENSEMBLE**

- Établir le lien entre perte du champ visuel gauche et la zone lésée de l'hémisphère droit en vous aidant du document de référence
- Le document 3 doit vous permettre d'associer les régions actives à leur rôle dans la vision.
- La mise en relation des documents 2 et 3 permet d'expliquer l'origine de l'anomalie de la vision des couleurs de cette patiente.

## CORRIGÉ

- Le **document 2** montre que la patiente atteinte d'hémi-achromatopsie possède une zone lésée dans la partie postérieure de son hémisphère droit.

Or, sur le document de référence, on observe que les informations issues des champs visuels gauches des deux yeux sont transmises au cortex visuel de l'hémisphère droit. La perte de la vision de la couleur chez cette patiente n'étant pas liée à une déficience de sa rétine ou des voies visuelles qui transmettent les messages nerveux de la rétine vers le cortex visuel, l'origine de son trouble visuel est donc bien en lien avec la zone lésée de son hémisphère droit.

- Les IRM fonctionnelles du **document 3** montrent que les messages nerveux provenant des deux rétines arrivent dans les deux cas au niveau de l'aire visuelle primaire V1 puisque celle-ci est active sur les deux IRM fonctionnellles. En revanche, les aires visuelles secondaires ont des rôles différents dans la vision : l'aire V4 est impliquée dans la reconnaissance des couleurs alors que l'aire V5 l'est dans la reconnaissance des formes des objets et du mouvement.
- **La mise en relation des documents 2 et 3** montre que la zone lésée chez la patiente atteinte d'hémi-achromatopsie correspond à l'aire visuelle V4 impliquée dans la vision des couleurs.
- La lésion de l'aire visuelle V4 de l'hémisphère droit de cette patiente ne lui permet donc plus la perception des couleurs à partir des informations provenant de son champ visuel gauche. En revanche, l'absence de lésion dans son hémisphère gauche lui permet de percevoir les couleurs de son champ visuel droit par l'intermédiare de son aire visuelle V4 fonctionnelle à gauche.

# SUJET 9 | Vision et répartition des photorécepteurs

DURÉE 20 MIN

→ **Fiche 6** Propriétés des photorécepteurs et vision du monde

## DOCUMENT 1 Schéma de deux fragments de la rétine humaine vus au microscope

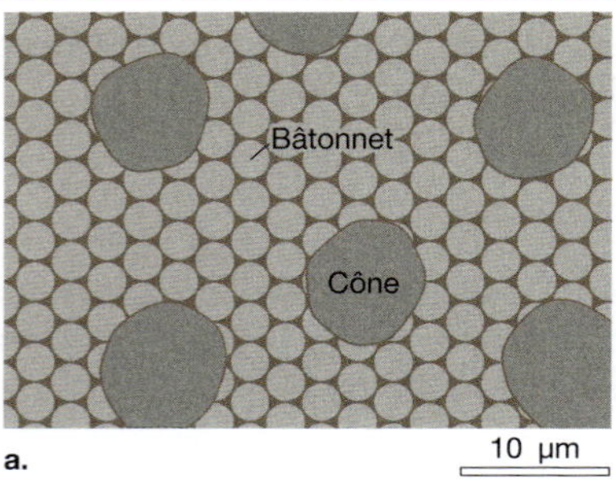


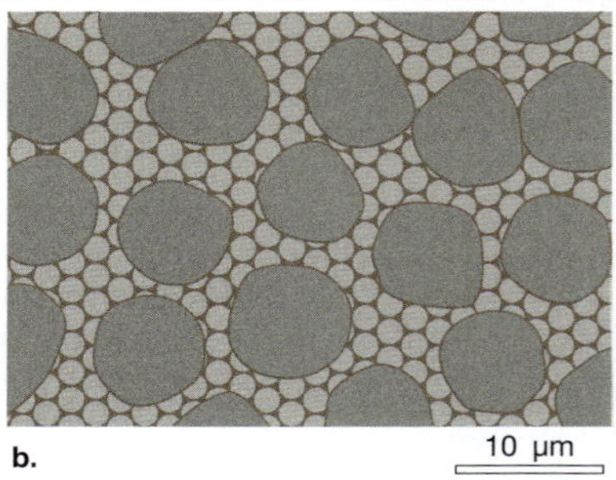


On cherche à établir un lien entre ces vues microscopiques et l'acuité visuelle.

**DOCUMENT DE RÉFÉRENCE** **Acuité visuelle et répartition des cellules photoréceptrices dans la rétine**

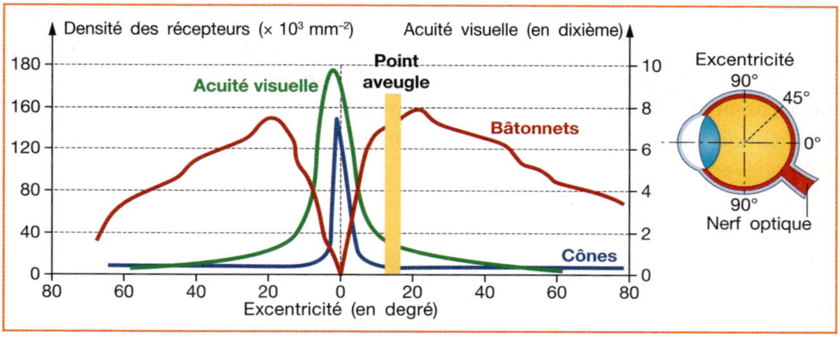


L'**excentricité** correspond à l'éloignement d'un point donné de la rétine par rapport au centre de celle-ci, repéré par 0° sur le graphe. Plus on s'éloigne du centre de la rétine, plus l'excentricité augmente.

L'**acuité visuelle** définit la qualité de la vue d'une personne. Elle permet de mesurer la capacité à discerner deux points différents situés à la distance minimale de vision distincte. En France, l'acuité visuelle est exprimée en dixième.

**À l'aide de la mise en relation des informations apportées par le document de référence et par les vues microscopiques du document 1, trouver la réponse exacte parmi ces différentes propositions et justifier votre choix.**

**a.** La vue microscopique du document **1a** correspond à une zone de la rétine située près du centre de celle-ci.

**b.** La vue microscopique du document **1b** correspond à un fragment de la rétine situé avec une excentricité supérieure à 45° du centre de la rétine.

**c.** Au niveau du fragment de la rétine observée dans le document **1a**, l'acuité visuelle est maximale.

**d.** Au niveau du fragment de la rétine observée dans le document **1b**, l'acuité visuelle est bonne.

**DÉMARRONS ENSEMBLE**

- Pour chaque vue microscopique, bien observer la densité relative des cônes et des bâtonnets.
- La mise en relation avec le document de référence permet d'en déduire approximativement l'excentricité de chaque vue par rapport au centre de la rétine.
- La position de chaque vue par rapport au centre de la rétine donne ainsi une indication sur son acuité visuelle en tenant compte de la courbe du document de référence.

## CORRIGÉ

- La bonne réponse est la réponse **d**, car ce fragment de rétine possédant une densité de cônes importante, il est situé près du centre de la rétine où l'acuité visuelle est la plus élevée.
- Le fragment de rétine observé dans le document **1a** possède une faible densité de cônes (5 cônes seulement sont entièrement visibles). Son excentricité, par rapport au centre de la rétine, est élevée. La réponse **a** est incorrecte.
- Le fragment de rétine observé dans le document **1b** possède une forte densité de cônes, avec environ trois fois plus de cônes visibles par rapport au fragment du document **1a**. Son excentricité, par rapport au centre de la rétine, est faible et donc inférieure à 45°. La réponse **b** est incorrecte.
- Le fragment de rétine observé dans le document **1a** possède une excentricité élevée par rapport au centre de la rétine. Or, le document de référence montre que l'acuité visuelle est maximale au centre de la rétine. La réponse **c** est donc incorrecte.

> Il n'est pas possible de donner précisément l'**excentricité** du fragment de rétine (doc. 1b) car l'image fourni ne permet pas de calculer la densité de cônes au $mm^2$

# SUJET 10 | L'effet d'une privation artificielle de la vue

DURÉE 20 MIN

→ Fiche 10 Aires cérébrales et plasticité du cerveau

Le braille est un système destiné aux personnes aveugles ou malvoyantes où les caractères (lettres et chiffres) sont codés par des signes en relief, détectables par le toucher.

## DOCUMENT Apprentissage du braille et activité du cortex visuel

Une expérience a été menée chez des personnes volontaires, dont la moitié seulement a eu les yeux bandés en permanence, les privant de toute stimulation visuelle pendant 5 jours. Au 6e jour, le bandeau a été retiré.

Pendant cette période, ces personnes ayant les yeux bandés ou non, ont suivi un apprentissage intensif du braille et, par IRM fonctionnelles, on observe l'activité des zones de leur cortex cérébral.

Le document ci-dessous représente (en jaune) les zones cérébrales dont l'activité augmente chez les personnes aux yeux bandés par rapport aux personnes non privées de vue.

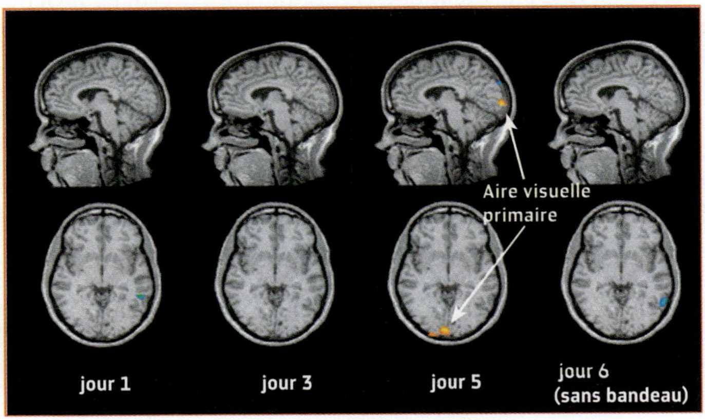


Source : Merabet L.B. et al., *Rapid and reversible recruitment of early visual cortex for touch*, PLoS One. 2008 Aug 27;3(8).

**Exploiter le document pour montrer que la fonction du cortex visuel peut changer au cours de l'apprentissage du braille, en précisant quelle propriété du cerveau permet ce changement.**

DÉMARRONS ENSEMBLE

- La lecture du braille se faisant uniquement par l'intermédiaire d'une reconnaissance tactile des caractères, les aires visuelles ne sont pas en principe, stimulées lors de cette activité.
- Votre réponse doit faire appel à la capacité que possède le cerveau à pouvoir réorganiser partiellement les aires du cortex.

## CORRIGÉ

- Le document montre que les personnes qui ont les yeux bandés ne stimulent pas pendant les trois premiers jours leur cortex visuel pour reconnaître les caractères du braille. La lecture de ces caractères doit faire appel à d'autres aires cérébrales (non visibles sur le document) spécialisées dans la reconnaissance tactile.
- Au bout de 5 jours d'apprentissage intensif, l'activité de l'aire visuelle des personnes aux yeux bandés augmente alors qu'ils sont privés de toute stimulation visuelle ! On interprète ce changement par une réorganisation du cortex cérébral, liée à la plasticité cérébrale. Dans cette expérience, cette plasticité est responsable de la reconversion des aires visuelles qui répondent alors à des stimuli tactiles, suite à l'apprentissage du braille.
- Le 6e jour, lorsque les personnes retrouvent leur vue, la reconversion des aires visuelles a disparu puisque ces aires ne sont plus activées par les stimuli tactiles.
- La plasticité cérébrale permet donc une adaptation rapide et réversible des aires cérébrales. Cette plasticité repose sur la réorganisation de régions cérébrales préexistantes, initialement dédiées à d'autres fonctions, mais qui peuvent se reconvertir suite à un apprentissage.

Il est probable que les **aires visuelles** ont retrouvé leur fonction initiale, c'est-à-dire la perception visuelle, mais le document ne permet pas de l'affirmer !

# SUJET 11 | Le fonctionnement d'une synapse

DURÉE 20 MIN

→ Fiche 11 La chimie de la perception : la transmission synaptique

## DOCUMENT 1 Synapse du cortex visuel

La photographie ci-dessous a été prise à l'aide d'un microscope électronique au niveau d'une synapse du cortex visuel entre deux neurones 1 et 2 séparés par une fente synaptique.

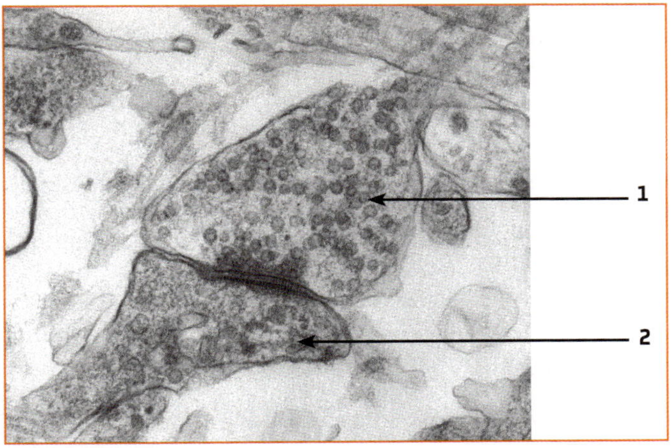


(Grossissement : × 10 000)

On réalise l'expérience suivante : une micropipette est placée dans la fente synaptique. On stimule le neurone 1 de façon à obtenir une réponse du neurone 2. On recueille le liquide de la fente synaptique et on l'injecte dans la fente d'une autre synapse semblable. On obtient alors une réponse du neurone post-synaptique de cette deuxième synapse.

**À l'aide de la mise en relation des informations apportées, trouver la réponse exacte parmi ces différentes propositions et justifier votre choix.**

**a.** Le message nerveux, de nature électrique passe du neurone 1 au neurone 2, car le liquide situé dans la fente synaptique est conducteur.

**b.** L'expérience montre que le liquide contient un messager chimique qui assure la transmission du message nerveux au niveau des synapses.

**c.** Le message nerveux passe du neurone 1 vers le neurone 2, car le neurotransmetteur est présent dans le neurone 2.

**d.** Le message nerveux passe de neurone 2 vers le neurone 1, car le neurotransmetteur est présent dans le neurone 1.

**DÉMARRONS ENSEMBLE**

- Pour répondre correctement à cette question, vous devez à la fois tirer des informations de l'expérience et de l'image réalisée au microscope électronique.
- N'oubliez pas, pour l'expérience, que le transfert d'un courant électrique nécessite toujours un contact.
- Sur la photographie de la synapse, il est possible de localiser les vésicules synaptiques où sont stockées les molécules de neurotransmetteurs.

## CORRIGÉ

- La bonne réponse est la réponse **b**, car lors de la stimulation du neurone 1, des molécules de neurotransmetteur (messager chimique) ont été libérées dans la fente synaptique. Le liquide prélevé au niveau de la fente synaptique contient donc des neurotransmetteurs qui peuvent déclencher un message nerveux au niveau d'un neurone post-synaptique d'une autre synapse.
- Le liquide étant prélevé au niveau de la fente d'une synapse et ensuite injecté dans la fente d'une autre synapse, il ne peut pas transférer de cette manière un message de nature électrique, car à un moment donné de cette manipulation, il y aura rupture de contact. La réponse **a** est incorrecte.
- Les molécules de neurotransmetteurs, responsables de la transmission du message nerveux, sont stockées dans des vésicules synaptiques, bien visibles à l'extrémité du neurone 1. La réponse **c** est incorrecte.
- Les molécules de neurotransmetteurs sont bien présentes dans le neurone 1 et assurent, pour cette raison, la transmission du message nerveux du neurone 1 vers le neurone 2 et non l'inverse. La réponse **d** est incorrecte.

La **transmission synaptique** est unidirectionnelle.

# SUJET 12 | Les effets d'une drogue : l'exemple de l'ecstasy

DURÉE 20 MIN

→ **Fiche 12** Les perturbations chimiques de la perception visuelle
→ **Fiche 33** Comportement sexuel et phénomènes biologiques associés

L'ecstasy est une drogue de synthèse qui se présente généralement sous forme de comprimés de couleurs et de formes variées et contenant une molécule, la MDMA, dérivée d'une amphétamine (les amphétamines sont des stimulants du système nerveux). Des hallucinations ayant aussi été ressenties chez certaines personnes, une étude expérimentale a été réalisée pour comprendre le mode d'action de l'ecstasy sur différents neurones.

## DOCUMENT 1 Les effets de l'ecstasy sur l'organisme

[...] si la quantité d'ecstasy ingérée est limitée, le consommateur, euphorique, bavard, ressent un bain de bonheur. Cette phase peut durer 2 à 4 heures selon la dose et la sensibilité individuelle. Elle est suivie d'une période d'abattement souvent profond qui peut même aller jusqu'à un syndrome dépressif.

D'après *Sciences et Avenir*, 1998

## DOCUMENT 2 Étude expérimentale

■ La sensation de plaisir est liée à l'activité de certains neurones à dopamine situés dans l'encéphale. Le dispositif ci-dessous permet d'enregistrer l'activité d'un neurone à dopamine connecté à un neurone à sérotonine* sur lequel on porte des stimulations.

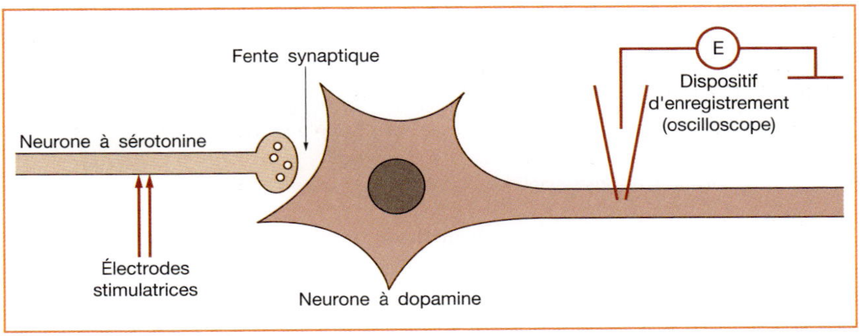


*La sérotonine est un neurotransmetteur que l'on retrouve aussi au niveau des synapses des voies visuelles.

À partir de ce dispositif expérimental, on enregistre différents paramètres :
- l'activité nerveuse dans le neurone stimulé ;
- la quantité de sérotonine libérée ;
- la synthèse de la sérotonine ;
- l'activité nerveuse dans les neurones à dopamine.

| Paramètres mesurés dans différentes conditions | Activité nerveuse dans les neurones à sérotonine | Quantité de sérotonine libérée | Synthèse de la sérotonine dans le neurone présynaptique | Activité nerveuse dans les neurones postsynaptiques à dopamine |
|---|---|---|---|---|
| Sans ecstasy | ++ | ++ | ++ | ++ |
| 0 à 4 heures après une prise d'ecstasy | ++ | ++++ | ++ | ++++ |
| Au-delà de 4 heures après la prise d'ecstasy | ++ | 0 | 0 | + |

Le nombre de signes + quantifie les phénomènes.

## DOCUMENT DE RÉFÉRENCE La transmission du message nerveux dans une synapse à sérotonine

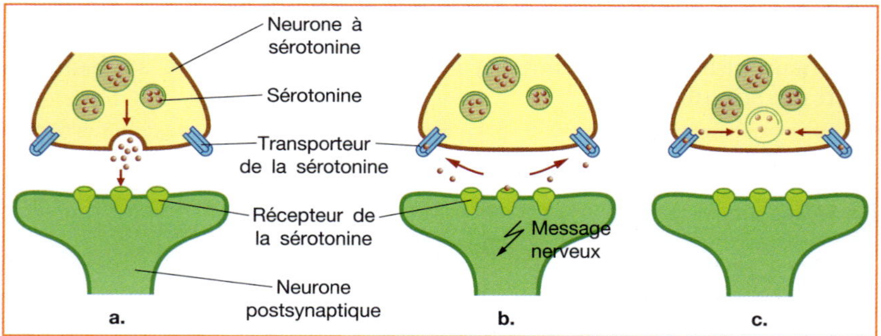


La stimulation du neurone présynaptique déclenche la libération de sérotonine stockée dans les vésicules du neurone présynaptique (a.). Après la fixation de la sérotonine sur les récepteurs de la membrane postsynaptique, des « transporteurs » spécifiques de la sérotonine permettent sa recapture au niveau du neurone présynaptique (b.). La sérotonine subit alors un recyclage et est de nouveau synthétisée et stockée dans des vésicules (c.).

**À partir des résulats expérimentaux présentés dans le document 2, mis en relation avec le document de référence, expliquer les effets de l'ecstasy décrits dans le document 1 et justifier pourquoi cette drogue peut aussi provoquer des hallucinations visuelles.**

DÉMARRONS ENSEMBLE

- Dans un premier temps, il s'agit de bien comprendre le montage expérimental et les paramètres mesurés afin de bien analyser les résultats expérimentaux.
- Le document de référence doit vous aider à comprendre l'étape du fonctionnement de la synapse perturbée par l'ecstasy : libération, fixation ou recapture du neurotransmetteur (la sérotonine).
- L'action hallucinogène de l'ecstasy fait appel à vos connaissances sur le rôle de la sérotonine dans la transmission du message nerveux au niveau des voies visuelles.

## CORRIGÉ

- Le document 1 montre que l'ecstasy rend le consommateur euphorique dans les 2 à 4 heures qui suivent la prise de cette drogue. Au-delà, celui-ci est abattu, voire dépressif. Expliquons ces deux états à l'aide de l'expérience du document 2.

Comme toute drogue, la prise d'**ecstasy** entraîne des risques pour les consommateurs comme des phénomènes d'accoutumance et de dépendance.

– L'expérience sans ecstasy constitue une expérience témoin. Les résultats obtenus sont conformes au document de référence : la stimulation du neurone présynaptique libère de la sérotonine qui, en se fixant sur les récepteurs de la membrane postsynaptique, stimule le neurone postsynaptique. Après avoir agit, la sérotonine subit une recapture et est de nouveau synthétisée dans le neurone présynaptique.

– Dans les deux expériences avec ecstasy, l'activité nerveuse du neurone présynaptique à sérotonine n'est pas affectée par la présence d'ecstasy. La drogue n'agit donc pas directement sur l'activité nerveuse de ce neurone.

– De 0 à 4 heures après la prise d'ecstasy, il y a augmentation de la sérotonine libérée. Le neurone postsynaptique à dopamine est évidemment fortement stimulé par le surplus de neurotransmetteur, ce qui explique la sensation de « bonheur » initiale ressentie par le consommateur dans le document 1.

– Au-delà de 4 h, la quantité de sérotonine libérée devient nulle. Le neurone présynaptique ne libère plus son neurotransmetteur, c'est l'explication de l'effet dépressif constaté dans le document 1.

- Cette absence de sérotonine libérée vient du fait de l'absence de sa synthèse dans le neurone présynaptique. Or, le document de référence précise que la sérotonine recapturée est recyclée par le neurone présynaptique pour y être synthétisée. L'ecstasy perturbe donc probablement la recapture de la sérotonine et donc sa synthèse.
- La mise en relation du document 2 avec le document de référence permet donc de comprendre les effets de l'ecstasy : en empêchant la recapture de la sérotonine, cette drogue a pour conséquence, dans un premier temps, une augmentation de la quantité de neurotransmetteurs dans les fentes synaptiques, d'où la sensation d'euphorie ressentie. En revanche, au-delà de 4 heures après la prise d'ecstasy, la synthèse de sérotonine étant nulle par blocage de sa recapture, le neurone présynaptique ne stimule plus le neurone à dopamine, d'où l'effet dépressif constaté.
- Le document 2 précise que la sérotonine est aussi le neurotransmetteur permettant la transmission des messages nerveux au niveau des voies visuelles. Le blocage de sa recapture au niveau de ces synapses par l'ecstasy entraîne dans un premier temps une augmentation de la quantité de neurotransmetteurs dans les fentes synaptiques, ce qui va stimuler de manière excessive les neurones postsynaptiques, d'où les effets hallucinogènes de cette drogue.

REPRÉSENTATION VISUELLE

# Couleurs et arts

Les pigments : des substances colorées broyées en poudre.

## FICHES



## BILAN



## SUJETS CORRIGÉS

# 13 Couleurs et arts : colorants et pigments

**Les substances colorantes ont pour propriété d'absorber certains rayonnements lumineux dans le domaine du visible. Elles peuvent être minérales ou organiques, naturelles ou synthétiques.**

## I Distinction entre colorants et pigments

Les colorants et les pigments sont des substances colorantes qui ont la propriété d'absorber tout ou partie du rayonnement lumineux. La distinction entre les deux notions n'est pas rigide. Toutefois on admet généralement que :

→ fiche 14

– Les **pigments** sont constitués d'éléments insolubles, c'est-à-dire qu'ils ne se dissolvent pas ou ne se mélangent pas directement avec le support. On va donc devoir les broyer finement avant de les incorporer dans un liant, plus ou moins fluide, et obtenir ainsi des enduits, des peintures, des encres, etc.

– Les **colorants** sont, quant à eux, parfaitement absorbables par le support : ils n'ont pas besoin d'un liant. On les utilise dans les industries du textile, des matières plastiques ou encore celles de l'agroalimentaire.

## II Approche historique

- Les substances colorantes sont omniprésentes dans l'histoire de l'Homme, que ce soit dans les peintures préhistoriques de la grotte de Lascaux ou de la grotte de Chauvet, dans les hiéroglyphes de l'Égypte antique ou encore dans les enluminures des manuscrits du Moyen Âge.

- Les principaux pigments que l'on retrouve sur les parois peintes des grottes du Paléolithique sont peu nombreux.

– Les ocres sont empruntées, en général, aux roches ferriques, constituées le plus souvent d'argiles et de pigments : jaune (exemple la goethite), rouge (l'hématite) ou brun (la limonite).

– Le charbon issu de bois brûlés ou d'os calcinés pour le noir. Le charbon peut être utilisé directement sur la paroi ou bien broyé et mélangé à un liant (de la graisse animale par exemple).

– La craie et le kaolin (argile très fine) sont utilisés pour le blanc.

Les peintures pariétales de la **grotte de Lascaux** (Dordogne) ont environ 18 000 ans. Sur ces peintures, les chercheurs ont trouvé essentiellement des pigments d'origine minérale

- L'Homme du Paléolithique avait bien compris que les ocres jaunes (en grande quantité) donnaient des ocres rouges par chauffage. Il savait aussi mélanger un pigment à de la craie pour obtenir des dégradés ou encore associer différents pigments pour parvenir à des nuances dans les couleurs.

- Dans l'Égypte antique, deux couleurs dominent – le bleu et le vert. On retrouve ces couleurs dans les tissus, les temples ou encore les sarcophages. Le bleu « égyptien » sera le tout premier pigment artificiel (ici à base de cuivre).
- La restauration (1990-1992) des Noces de Cana, du peintre italien Paolo Véronèse, fait découvrir aux scientifiques, historiens et conservateurs la richesse des pigments naturels (d'origine surtout minérale ou végétale) disponibles dans l'Italie du XVIe siècle – pays dont le commerce avec l'Orient et l'Occident est florissant.
- Le XIXe siècle, avec la synthèse de la mauvéine par le chimiste W.-H. Perkin, marque l'essor puis la généralisation des colorants et pigments synthétiques. Les impressionnistes (Claude Monet, Édouard Manet, Edgar Degas, etc.) apprécient ces substances, souvent bon marché, provenant de la chimie moderne.

## III Facteurs influençant la couleur d'une substance

- À l'instar de l'ocre jaune qui se transforme par chauffage en ocre rouge, certaines substances colorées sont sensibles à la chaleur. Ces substances thermochromiques ont de multiples applications : encres pour lutter contre la contrefaçon, indicateurs de gel sur les routes ou de chaleur dans les cuillères pour bébé, etc.
- Certains colorants tels que les anthocyanes (présents dans le chou rouge par exemple) changent de couleur en fonction de l'**acidité** ou la **basicité** du milieu. Une décoction filtrée de chou rouge change de couleur en fonction du **pH** du milieu **(doc. 1)**.
- D'autres substances chimiques changent de couleur en fonction du taux d'humidité comme le sulfate de cuivre ou le chlorure de cobalt.

Le **sulfate de cuivre** est blanc lorsqu'il est anhydre, il devient bleu en présence d'eau. Le **chlorure de cobalt** est bleu à sec, il devient rose lorsqu'il s'hydrate.

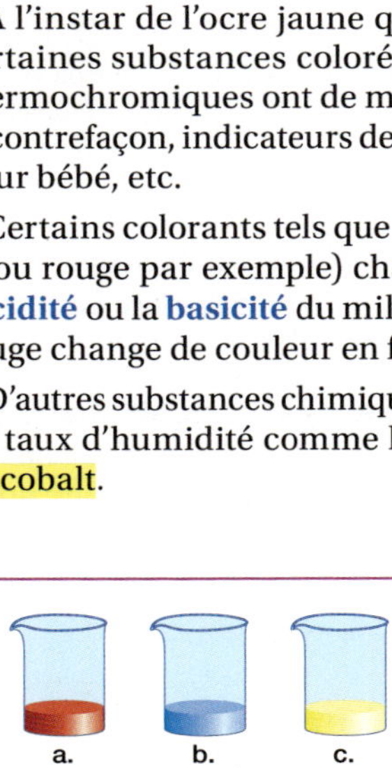


**Doc. 1. Décoction de chou rouge.**
**a.** Avec un peu d'acide chlorhydrique (pH acide).
**b.** Avec un peu d'eau (pH neutre).
**c.** Avec un peu de soude (pH basique).

# 14 La perception des couleurs

**La couleur n'est pas une « pellicule » déposée à la surface des objets, elle n'a pas d'existence matérielle, elle est le fruit d'une interprétation sensorielle de notre cerveau.**

## I La sensation de couleur

- En 1672, Isaac Newton observe que la lumière blanche qui traverse un prisme est déviée et décomposée : elle est donc constituée de lumières colorées **(doc. 1)**.
- Aujourd'hui, nous parlons de spectre et de **radiations colorées**. Chaque radiation colorée est caractérisée par une grandeur physique : **la longueur d'onde**. L'œil capte ces radiations colorées, tandis que le cerveau conduira les sensations de couleur jusqu'à la perception.

Dans l'arc-en-ciel, le spectre de la **lumière blanche** apparaît : les gouttes de pluie séparent les différentes composantes de la lumière du Soleil.

Le **spectre** du visible s'étend de 400 nm (violet) à 750 nm (rouge).

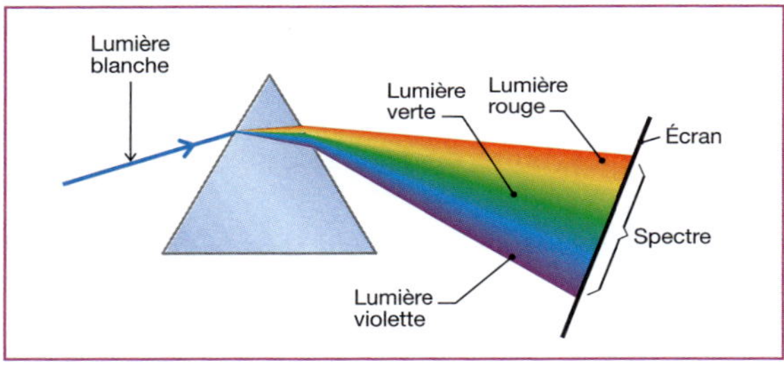


**Doc. 1. Décomposition de la lumière blanche.**

- Un objet ne peut diffuser que les lumières colorées qu'il reçoit. Il absorbe certaines lumières colorées grâce à ses pigments. La couleur d'un objet correspond à la couleur de la lumière que l'objet diffuse vers notre œil et que notre cerveau interprète. Ce sont les radiations diffusées qui initient la « couleur » de cet objet **(doc. 2)**.

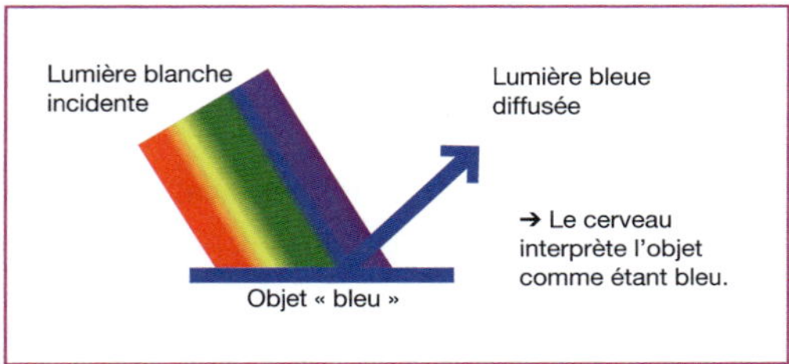


**Doc. 2. Couleur d'un objet.**

## II Reproduire les couleurs

On peut générer des couleurs de deux manières : par synthèse additive ou par synthèse soustractive **(doc. 3)**.

- La **synthèse additive** consiste à combiner trois types de lumières – rouge, verte et bleue – pour produire toutes les autres lumières colorées. Le procédé est principalement utilisé dans les domaines du traitement électronique de l'image tels que télévision, écran d'ordinateur, appareil photo numérique... Les couleurs RVB (rouge, vert et bleu) sont dites couleurs primaires de la synthèse additive. Dans la synthèse additive, la superposition de lumières colorées se traduit par plus de « clarté ». Par exemple, l'addition des lumières rouge, verte et bleue va donner de la lumière blanche.

- La **synthèse soustractive** consiste à retirer des lumières en utilisant des filtres ou des pigments. Le procédé est notamment utilisé en peinture ou en imprimerie. Les couleurs primaires soustractives sont le cyan, le magenta et le jaune. On les appelle aussi les couleurs fondamentales. Dans la synthèse soustractive, le mélange de couleurs conduit à l'absorption de plus en plus de lumière donc à un « assombrissement ». Par exemple, la lumière blanche qui traverse un filtre cyan puis un filtre jaune, ressortira verte.

En théorie, l'emploi de trois couleurs primaires permet d'obtenir toute autre couleur existante.

En **imprimerie** (imprimante jet d'encre), on ajoute de l'encre noire pour des questions de qualité de noir, de rendu des contrastes et pour économiser les encres couleurs plus coûteuses.

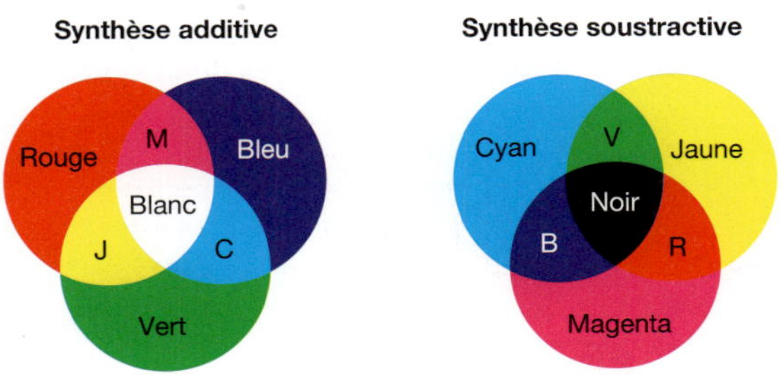


**Doc. 3. Synthèse additive et synthèse soustractive.**

- Le cercle chromatique est une représentation des couleurs, sous forme circulaire, qui permet de trouver toutes les couleurs existantes sous la forme de douze couleurs de base.

→ rabats

# Quiz express

Vérifiez que vous avez bien retenu les points clés des **fiches 13 et 14**.

## Couleurs et arts : colorants et pigments

**1 Répondre par vrai ou par faux.**

| | VRAI | FAUX |
|---|---|---|
| **a.** Les pigments sont solubles dans le liant avec lequel ils se trouvent. | ☐ | ☐ |
| **b.** Les colorants sont des substances naturelles. | ☐ | ☐ |
| **c.** On trouve des pigments dans les peintures et les encres. | ☐ | ☐ |
| **d.** La température peut modifier la couleur de certaines substances colorées. | ☐ | ☐ |

FICHE 13

## La perception des couleurs

**2 Une radiation visible peut :**

☐ **a.** avoir une longueur d'onde comprise entre 400 nm et 750 nm.
☐ **b.** être de couleur blanche.
☐ **c.** faire partie d'un spectre lumineux.
☐ **d.** faire partie des radiations ultraviolettes.

**3 Retrouver, sur le schéma, les couleurs manquantes de la synthèse additive.**

☐ **a.** bleu
☐ **b.** cyan
☐ **c.** magenta
☐ **d.** jaune

☐ 1
☐ 2
☐ 3
☐ 4

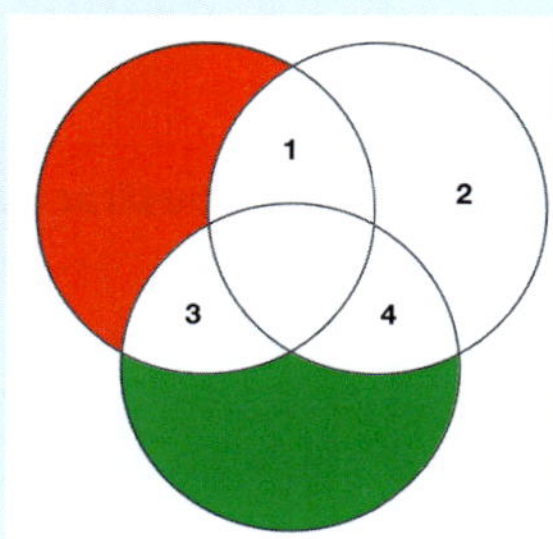

**4 Le procédé de synthèse soustractive est utilisé dans :**

- ☐ **a.** une image vidéo à la télévision.
- ☐ **b.** une image de journal ou de magazine.
- ☐ **c.** un tableau de peintre pointilliste, qui n'opère pas de mélange mais juxtapose des touches de couleurs.
- ☐ **d.** une image sortie d'une imprimante jet d'encre.

**5 Quelles sont les trois couleurs primaires de la synthèse soustractive ?**

- ☐ **a.** bleu - rouge - vert
- ☐ **b.** bleu - rouge - jaune
- ☐ **c.** cyan - magenta - jaune
- ☐ **d.** cyan - magenta - vert

**6 Un citron nous paraît jaune lorsqu'il est éclairé par trois lumières respectivement rouge, bleue et verte, car ses pigments :**

- ☐ **a.** absorbent les lumières rouge et verte et diffusent la lumière bleue.
- ☐ **b.** absorbent les lumières rouge et verte et réfléchissent la lumière bleue.
- ☐ **c.** absorbent la lumière bleue et réfléchissent les lumières rouge et verte.
- ☐ **d.** absorbent la lumière bleue et diffusent les lumières rouge et verte.

**7 Un objet est perçu bleu lorsqu'il est éclairé en lumière blanche. De quelle couleur le percevra-t-on s'il est éclairé en lumière verte ?**

☐ **a.** bleu ☐ **b.** cyan ☐ **c.** vert ☐ **d.** noir

**8 La figure ci-contre représente :**

- ☐ **a.** la synthèse soustractive.
- ☐ **b.** la synthèse additive.
- ☐ **c.** la lumière blanche.
- ☐ **d.** un cercle chromatique.

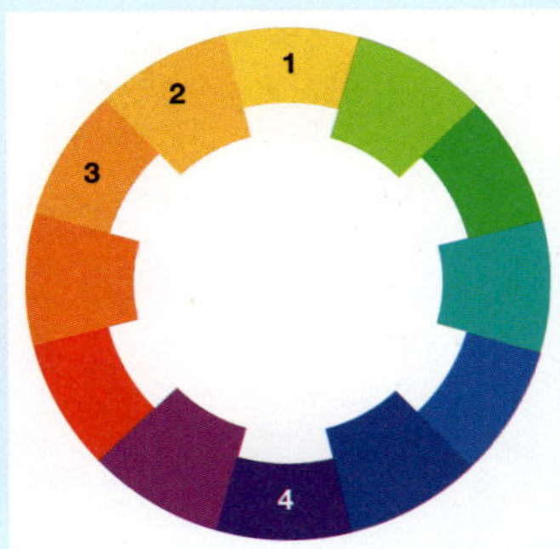


**9 Sur le schéma, les couleurs 1, 2 et 3 sont complémentaires.**

☐ **a.** Vrai ☐ **b.** Faux

**10 Sur le schéma, les couleurs 1 et 4 sont adjacentes.**

☐ **a.** Vrai ☐ **b.** Faux

**11 Quelles sont les couleurs complémentaires ?**

- ☐ **a.** rouge / vert
- ☐ **b.** rouge / orange
- ☐ **c.** bleu / vert
- ☐ **d.** bleu / orange

FICHE 14

**RÉPONSES**

**1. a.** Faux – **b.** Faux – **c.** Vrai – **d.** Vrai • **2.** a et c • **3.** a2 - b4 - c1 - d3 • **4.** b et d • **5.** c • **6.** d • **7.** d • **8.** d • **9.** b • **10.** b • **11.** a et d

# SUJET 13 | La cataracte jaune de Monet

DURÉE 50 MIN

→ **Fiche 2** L'œil : système optique et formation des images
→ **Fiche 14** La perception des couleurs

## DOCUMENT 1 Les couleurs vues par l'œil malade de Monet

En 1908, à 68 ans, Monet est atteint de cataracte aux deux yeux, il commence à perdre la vue. On trouve les premiers signes de cette cataracte dans les peintures de Venise en 1908. [...]
Quand sa vision des couleurs s'altère, Monet continue de travailler. Le peintre repère les teintes d'après les étiquettes des tubes et l'ordre immuable dans lequel il les dispose sur sa palette. « Ma mauvaise vue signifie que je vois tout comme au travers d'un brouillard », écrit-il. « C'est tout de même très beau, et c'est ce que j'aimerais pouvoir représenter. »
Monet a l'habitude de peindre vraiment ce qu'il voit. Peu à peu ses peintures ont des teintes qui s'accentuent dans les rouges et les jaunes. Les détails s'estompent également. Les bleus ont tendance à disparaître.
Quelques tableaux qui représentent le même motif permettent de se rendre compte des effets de la cataracte sur Monet [...]. Une fois la cataracte de son meilleur œil devenue mûre, les contours deviennent de plus en plus imprécis et les détails disparaissent. Monet ne voit plus les teintes froides, les violets et les bleus disparaissent au profit des rouges.

« Les couleurs de Monet », http://www.intermonet.com/colors/couleurs.htm, D. R.

Claude Monet, *Le Bassin aux nymphéas, harmonie verte*, 1899, huile sur toile, (musée d'Orsay, Paris).

Claude Monet, *Le Pont japonais*, vers 1920, huile sur toile, (Institute of Arts, Minneapolis).

## DOCUMENT 2 Causes de la cataracte par le docteur Gatinel

La cataracte est causée par une modification de la composition chimique du cristallin. Cette modification est le plus souvent liée au vieillissement. [...] C'est la plus courante et elle peut apparaître dès l'âge de 60 ans.
Il existe d'autres causes telles que l'hérédité, ou des malformations congénitales, qui peuvent provoquer l'apparition précoce d'une cataracte.
Des maladies générales comme le diabète ou certains troubles métaboliques (métabolisme du calcium) peuvent aussi provoquer l'apparition d'une cataracte.
La prise prolongée de corticoïdes, le tabagisme chronique important sont également des facteurs de risques avérés pour la survenue d'une cataracte chez les sujets exposés.
Une blessure importante de l'œil, une contusion violente, l'exposition solaire répétée et prolongée sans protection oculaire aux UV peuvent également causer la survenue d'une cataracte.

http://www.gatinel.com/

## DOCUMENT 3 Comment traite-t-on une cataracte ?

Le changement de lunettes ne peut bien sûr pas supprimer l'opacité du cristallin. Il n'existe pas, à l'heure actuelle, de traitement médical qui ait fait la preuve d'une efficacité réelle malgré la multitude de collyres et de traitements par voie générale commercialisés. Le seul traitement actuel est donc chirurgical : il consiste à enlever le cristallin opacifié pour rétablir la clarté de l'axe optique et à le remplacer par un implant intraoculaire.

http://www.ophtalmologie.fr/cataracte-traitement.html

En 1922, Claude Monet craint l'opération de la cataracte, il est pourtant quasiment aveugle. Un médecin ophtalmologiste venu l'examiner à Giverny écrit au peintre pour faire un point sur sa maladie (origine et conséquences pour le peintre) et pour le convaincre d'accepter l'opération chirurgicale, seul moyen pour Monet de pouvoir poursuivre son œuvre.

**Rédiger vous-même ce courrier en vous appuyant sur les documents fournis ainsi que sur les connaissances acquises au cours de l'année.**

DÉMARRONS ENSEMBLE

- Lisez bien les trois documents pour en faire ressortir les idées principales. Vous serez sans doute amené à citer des mots ou des phrases des documents, mais il vous faudra veiller à ne pas les paraphraser. L'utilisation de vos connaissances sur l'œil, la formation des images et la perception des couleurs vous permettront de compléter les idées fournies par les documents.
- Vous rédigerez votre lettre sous forme structurée. Vous pourrez commencer par redéfinir cette pathologie ; poursuivre en indiquant ses conséquences pour le peintre. La fin de la lettre étant consacrée au traitement chirurgical de la cataracte, seule solution possible à cette maladie déjà très avancée chez Monet.

## CORRIGÉ

Neuilly-sur-Seine, le 15 septembre 1922

Cher Monsieur Monet,

Les examens réalisés lors de ma visite du 7 septembre dernier à Giverny ne font que confirmer l'évolution de la cataracte dont vous souffrez depuis de nombreuses années. Comme vous le savez, cette pathologie affecte la transparence de vos **deux cristallins**, les rendant de plus en plus **opaques**. Votre **qualité de vision baisse** et continuera de le faire avec, à terme, l'inéluctable **cécité**.

Votre attachement à peindre ce que vous percevez de la réalité fait apparaître deux conséquences importantes de cette maladie.

– Il s'agit, d'une part, de la **diminution de votre acuité visuelle** : l'opacification du cristallin ne permet plus la formation d'une image nette sur la rétine. En effet, de nombreux rayons lumineux qui entrent dans l'œil **ne sont plus transmis par le cristallin** et ne parviennent plus à converger au niveau de la rétine. Il n'est que de contempler certains de vos tableaux récents – comme *Le Pont japonais*, par exemple – pour constater que « les contours deviennent de plus en plus imprécis » et que « les détails s'estompent ».

– D'autre part, vos cristallins, initialement transparents, deviennent jaunâtres. Ceci entraîne des **troubles dans la perception des couleurs :** certaines lumières colorées sont absorbées avant d'atteindre la rétine. Toutes les couleurs de votre palette de peintre ne vous sont donc plus accessibles ; c'est le cas pour « les teintes les plus froides, les violets et les bleus » qui « disparaissent au profit des rouges » et des orangés.

Les moyens utilisés jusqu'à présent pour compenser votre cataracte (le port de lunettes ou l'utilisation de collyres) ou bien encore pour en limiter la progression (non consommation de tabac, limitation de l'exposition directe au soleil, etc.) ne sont maintenant plus d'actualité. Ils ne sont plus suffisamment efficaces. La seule solution de traitement consiste à **opérer** chaque œil malade **en retirant le cristallin jaunâtre** pour le remplacer par **un implant intraoculaire**. Plus précisément, un cristallin artificiel sera inséré dans l'enveloppe – restée en place – de votre cristallin actuel.

Votre cataracte maintenant mûre doit être rapidement opérée. Après traitement chirurgical d'un seul œil à la fois – nous commencerons par le droit, plus atteint – une à deux semaines seront nécessaires pour la cicatrisation. Vous retrouverez dès lors une vision nette de votre environnement et une perception correcte de la totalité des couleurs.

Je vous assure des excellentes chances de réussite de cette opération, et je reste à votre disposition si vous souhaitez des informations complémentaires. Respectueusement.

Docteur Coutenceau

En règle générale, un filtre – ici le cristallin jaune – **absorbe** les radiations colorées complémentaires à sa couleur. Le cristallin jaune va donc absorber le bleu (voir synthèse soustractive).

Dans l'Antiquité, Égyptiens, Grecs et Romains pratiquaient déjà cette **opération**.

## SUJET 14 | Les pigments jaunes de Van Gogh

DURÉE 25 MIN

→ **Fiche 13** Couleurs et arts : colorants et pigments
→ **Fiche 14** La perception des couleurs

### DOCUMENT 1 Des tableaux qui perdent leur éclat

L'utilisation de couleurs vives par Van Gogh dans ses tableaux est un tournant dans l'histoire de l'art : c'était pour lui le moyen d'évoquer des humeurs et des émotions, plutôt que d'utiliser ces couleurs de manière réaliste. Ceci n'aurait pu être possible sans les innovations majeures intervenues au XIXe siècle dans la fabrication des pigments. L'éclat des nouveaux pigments industriels tels que le

jaune de chrome a permis à Van Gogh de parvenir à l'intensité que l'on retrouve, par exemple, dans *Les Tournesols*. L'assombrissement du jaune de chrome sous l'effet des rayons du soleil est connu depuis la première moitié du XIXe siècle. Cependant, tous les tableaux d'époque ne sont pas affectés de la même façon et à la même vitesse.[...]
La profondeur à laquelle les rayons du soleil pénètrent dans la peinture et altèrent la couleur de ses pigments est comprise entre un et trois micromètres (un millième de millimètre), ce qui rend l'analyse de la couche d'altération d'autant plus difficile. Ce sont les rayons du Soleil qui, en favorisant la réduction[(1)] du chrome, concourent à transformer le jaune de chrome en pigments marron, modifiant alors la composition originale. Mais les rayons UV ne sont vraisemblablement pas les seuls à être incriminés dans ce processus. Les scientifiques ne vont pas s'arrêter là : d'autres expériences sont d'ores et déjà programmées afin d'identifier très précisément les conditions qui favorisent la réduction du chrome et s'il existe un espoir de rendre aux pigments leur état original dans les tableaux déjà affectés par ce phénomène. »

(1) transformation chimique

Communiqué de presse
du CNRS/ESRF du 14 février 2011, extrait du site http://www2.cnrs.fr/presse/

Vincent Van Gogh, *Vue d'Arles avec iris*, 1888,
huile sur toile, (Van Gogh Museum, Amsterdam).

## DOCUMENT 2 La perception du bleu par le cerveau

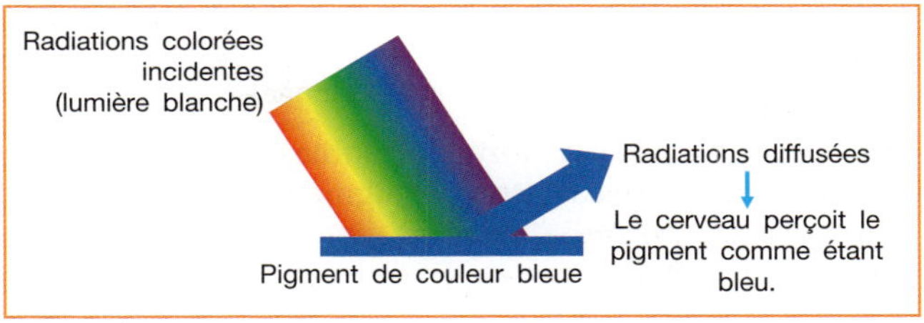


**1.** À l'aide du document 1, citer l'innovation du XIX^e^ siècle sans laquelle Van Gogh n'aurait sans doute pas été le même peintre des couleurs.

**2.** À l'aide de vos connaissances, définir ce qu'est un pigment, puis expliquer la différence entre un pigment et une couleur.

**3.** Avec l'aide du document 2, faire un schéma permettant d'expliquer la perception de la couleur jaune d'un pigment.

**4.** Proposer une mesure de protection envisageable pour les tableaux de Van Gogh.

**5.** Dans le tableau *Vue d'Arles avec iris*, il y a notamment du jaune et du violet. Où ces deux couleurs se situent-elles sur le cercle chromatique et quelle impression Van Gogh cherche-t-il à créer en les associant ?

### DÉMARRONS ENSEMBLE

**1.** Une lecture attentive du document 1, vous permettra d'identifier ce qui a changé au XIX^e^ siècle dans l'histoire des pigments.

**2.** Mobilisez vos connaissances sur les substances colorantes et sur la sensation de couleur.

**3.** Vous vous baserez sur le schéma du document 2 tout en utilisant vos connaissances sur la perception des couleurs (sensation de couleur, synthèse additive et synthèse soustractive).

**4.** Il vous faut d'abord repérer dans le document 1 ce qui est à l'origine de l'assombrissement du pigment jaune de chrome.

**5.** Exploitez vos connaissances sur le cercle chromatique et sur les associations de couleurs qui en découlent.

## CORRIGÉ

**1.** L'innovation majeure au XIX^e siècle provient de l'essor puis de la généralisation des pigments « industriels » ou, plus précisément des pigments **synthétiques**. Ils sont souvent bon marché et leurs couleurs sont éclatantes et intenses.

> Auparavant les **pigments** étaient majoritairement d'origine naturelle (minérale ou organique).
> → fiche 13

**2.** Un pigment est une **matière colorée** insoluble dans le milieu qui la contient. Selon sa nature, le pigment coloré **absorbe tout ou partie des radiations lumineuses du visible**.

La couleur d'un pigment correspond aux radiations colorées que le pigment **diffuse vers notre œil et que notre cerveau interprète**. C'est dans le cerveau que naît la perception de la couleur.

> Attention à ne pas confondre matière colorée et **couleur**.

**3.** Un pigment jaune va diffuser les radiations rouges, jaunes et vertes, mais il absorbera les radiations bleues et violettes. La couleur perçue par le cerveau dépend des radiations diffusées.

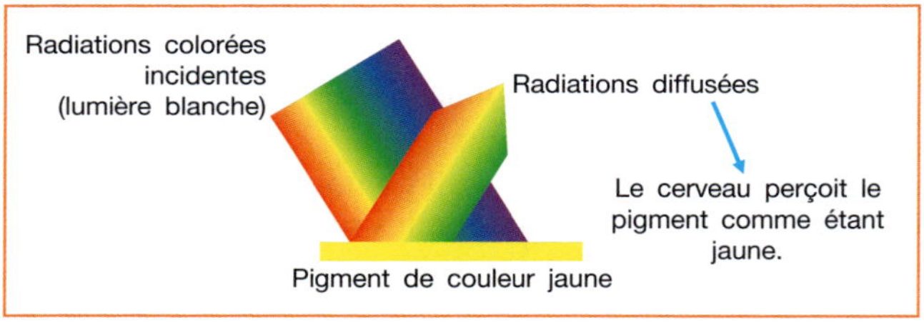


**4.** L'une des causes avancées de l'assombrissement du jaune de chrome est sa **transformation chimique sous l'effet du Soleil** – plus particulièrement du fait des ultraviolets. L'une des mesures à prendre pour protéger les tableaux de Van Gogh serait donc de mettre les œuvres derrière un **vitrage filtrant les rayonnements les plus nuisibles** au jaune de chrome.

**5.** Le jaune et le violet sont deux couleurs **diamétralement opposées** sur le cercle chromatique de l'artiste, au même titre que tous les autres couples de couleurs complémentaires. L'artiste cherche, ici, à donner au spectateur une **impression de fort contraste**.

> → rabats

NOURRIR L'HUMANITÉ

# Une agriculture pour nourrir les Hommes

Dans le but de produire davantage, l'agroéquipement est de plus en plus performant.

## FICHES



## BILAN



## SUJETS CORRIGÉS

# 15 Création et gestion des agrosystèmes

**Une population de neuf milliards d'humains est prévue au XXIe siècle. L'agriculture repose sur la création et la gestion d'agrosystèmes dont le but est de fournir des produits (dont les aliments) nécessaires à l'humanité.**

## I Part d'intervention de l'Homme dans les agrosystèmes

- Un **agrosystème** est un écosystème artificiel, créé et aménagé par l'Homme, dans le but d'exploiter des espèces végétales ou animales qui seront non seulement source d'aliments mais aussi de matière première et d'énergie.

- La comparaison d'un agrosystème avec un écosystème naturel comme la forêt montre des différences importantes.

Le bois exploité dans les **agrosystèmes** forestiers peut être utilisé comme combustible (source d'énergie) ou comme matériau de construction (matière première).

– Dans un **écosystème naturel**, les êtres vivants interagissent entre eux et avec leur milieu, l'Homme y intervient très peu : ces milieux sont naturellement équilibrés. En revanche, les agrosystèmes, intensément exploités, sont maintenus artificiellement, grâce à **l'intervention permanente de l'Homme.**

– La forêt est caractérisée par une grande biodiversité alors que, dans les agrosystèmes, l'Homme exploite souvent **une seule espèce végétale ou animale** choisie pour son utilité. Pour produire l'espèce sélectionnée de manière intensive, l'Homme élimine généralement les autres espèces qui pourraient entrer en concurrence avec celle-ci, entraînant ainsi un appauvrissement de la biodiversité.

– Dans l'écosystème forestier, les exportations de matière organique sont rares (coupes tous les 50 à 100 ans), les feuilles et le bois morts qui tombent sur le sol subissent une dégradation par les décomposeurs (bactéries, champignons), ce qui permet une restitution naturelle d'éléments minéraux au sol. Au contraire, dans un agrosystème, les **exportations de matière organique** sont le plus souvent annuelles (lors des récoltes) et **massives** (40 % pour le maïs-grain, presque totales pour les variétés fourragères) : la restitution naturelle des éléments minéraux au sol est donc très faible. L'Homme doit compenser l'appauvrissement du sol qui en résulte par un apport d'engrais. Un agrosystème est un **système déséquilibré**, il doit être **entretenu**.

## II Gestion des agrosystèmes

On désigne par **intrants** l'ensemble des apports dans un agrosystème : eau, engrais, fertilisants, produits phytosanitaires.

- L'Homme entretient et gère les agrosystèmes en utilisant des intrants ou en développant des techniques dans le but :

– de compenser les pertes liées à l'exportation de la biomasse ;

– de protéger l'espèce produite afin d'améliorer sa production.

- L'**apport d'engrais** compense l'exportation des sels minéraux du sol permettant ainsi la préservation de la fertilité des sols. Les engrais permettent aussi d'augmenter la production de matière végétale : ils peuvent être sous forme organique (lisier, fumier...) ou sous forme minérale. Des analyses du sol permettent de vérifier que les apports maintiennent des teneurs satisfaisantes en éléments minéraux dans le sol.

→ fiche 19

- Les **apports en eau** sont indispensables pour les cultures et les élevages. Les quantités d'eau apportées, par irrigation par exemple, dans les cultures dépendent de la nature de l'espèce cultivée, de la nature du sol et du climat.

- Des **ennemis très variés** peuvent diminuer la production dans les agrosystèmes :

– les parasites (champignons, bactéries, virus) qui vivent obligatoirement aux dépens d'autres espèces et sont responsables de nombreuses maladies ;

– les plantes adventices (ou « mauvaises herbes ») qui entrent en compétition avec les espèces cultivées en puisant l'eau et les sels minéraux dans le sol ;

– les prédateurs ou les ravageurs de cultures.

- Pour obtenir une meilleure production, le maintien d'un bon état sanitaire de l'agrosystème est donc nécessaire. Les moyens de **lutte phytosanitaire** sont très variés.

– Utilisation de produits chimiques : **antibiotiques** pour les élevages, **pesticides** pour les cultures. Ces derniers permettent notamment d'éliminer les insectes (insecticides), les champignons (fongicides), les « mauvaises herbes » (herbicides).

– Utilisation de moyens biologiques : **lutte biologique** comme l'épandage de coccinelles, prédateurs des pucerons qui peuvent ravager les cultures.

– Utilisation de **pratiques culturales** telles la rotation des cultures ou les cultures hors-sol qui peuvent limiter efficacement les ravageurs.

# 16 Choix d'une alimentation et développement durable

**Nourrir l'humanité est un défi majeur qui ne pourra pas être relevé sans une perspective de développement durable. Le choix des pratiques agricoles doit donc prendre en compte leur coût énergétique et leur impact environnemental.**

## I Rendement de la production dans les agrosystèmes

- Dans les agrosystèmes, la production végétale est à la base de la production de matière des animaux d'élevage et d'une partie de la production humaine, car les végétaux font partie de nos aliments.

- Cette succession d'êtres vivants dans laquelle chaque individu mange celui qui le précède constitue une **chaîne alimentaire**.

- Un **transfert de matière et d'énergie** se réalise tout au long d'une chaîne alimentaire, depuis les végétaux chlorophylliens jusqu'aux différents consommateurs. Ce transfert est évalué par le calcul du **rendement** ($R$) de la production d'un maillon de chaîne alimentaire :

$$R = \frac{\text{masse de matière produite par le consommateur}}{\text{masse de matière ingérée}}$$

$$\text{ou} \quad R = \frac{\text{valeur énergétique de la masse de matière produite}}{\text{valeur énergétique de la masse de matière ingérée}}$$

- Ce rendement est généralement faible, environ 15 % pour une vache **(doc. 1)**, car une partie de la matière ingérée est dégradée par la respiration et rejetée par les excréments. La masse de matière produite par un consommateur est donc très inférieure à la masse de matière qu'il a ingérée.

- **La production de matière animale** nécessite donc une importante production végétale (environ 35 à 40 kg d'herbe fraîche sont nécessaires pour obtenir 1 kg de viande).

La **perte de matière** d'un maillon à l'autre d'une chaîne alimentaire constitue une perte d'énergie pour l'agrosystème, comme pour tout écosystème.

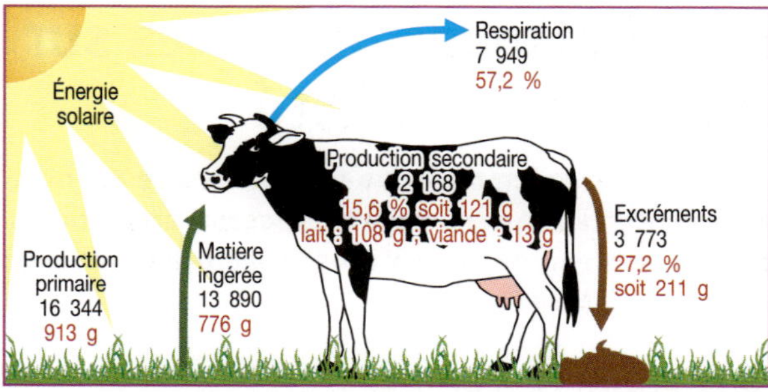


**Doc. 1. Flux d'énergie et de matière dans un agrosystème.** Les masses sont exprimées en g de matière sèche·m$^{-2}$·an$^{-1}$ et les valeurs énergétiques en kJ·m$^{-2}$·an$^{-1}$.

## II Impact écologique de l'alimentation

Afin de satisfaire les besoins de l'humanité, l'Homme cherche à augmenter la production des agrosystèmes. Pour cela, de l'énergie est nécessaire pour :
- les pratiques culturales (labours, récolte…) ou d'élevage (fabrication d'ensilage…) ;
- l'apport en eau (irrigation), la fabrication et l'épandage des engrais, des produits phytosanitaires, etc.

- Plus l'Homme « injecte » d'énergie dans un agrosystème, moins le rendement énergétique global (rapport entre énergie produite et énergie consommée) est intéressant.

- La production animale nécessitant une importante production végétale, son bilan global de matière et d'énergie est encore plus défavorable pour l'environnement.

- Ainsi, consommer de la viande ou un produit végétal n'a pas le même impact écologique. Par exemple, la production d'un kilogramme de viande :
- utilise la même énergie et la même surface de terre que la production de 160 kg de pommes de terre ;
- engendre près de 80 fois plus de gaz à effet de serre qu'un kilogramme de blé ;
- nécessite 15 500 litres d'eau contre 900 litres pour un kilogramme de pommes de terre.

Cette prise en compte de l'impact écologique des productions agricoles conditionne donc le choix d'une alimentation d'origine animale ou végétale dans une perspective de développement durable.

Les habitudes alimentaires peuvent avoir un **impact sur la quantité de gaz à effet de serre** et donc sur le réchauffement climatique à l'échelle de la planète.

# 17 Impacts des pratiques agricoles sur l'environnement et la santé

**L'accroissement de la population mondiale va nécessiter une augmentation des productions agricoles afin de satisfaire les besoins alimentaires. Il est donc indispensable de prendre en compte les impacts des pratiques agricoles sur l'environnement et la santé.**

## I Impacts liés aux apports d'engrais

- Les **nitrates**, très solubles dans l'eau, constituent la cause majeure de pollution par les engrais chimiques utilisés en agriculture. Apportés de manière excessive, ils ne sont pas absorbés en totalité par les végétaux et se retrouvent par ruissellement dans les eaux superficielles (cours d'eau, étangs et lacs) et par infiltration dans les nappes phréatiques, qui se trouvent alors contaminées.
- Les nitrates sont une **réelle menace** pour l'environnement : ils sont à l'origine du développement excessif de végétaux comme les algues (marées vertes), notamment en Bretagne.
- Scientifiques et médecins semblent relativement unanimes pour **relativiser l'impact** des nitrates sur la santé humaine. Cependant, la norme européenne autorisée pour une eau de boisson a été fixée, à partir des recommandations de l'OMS, à 50 mg·L$^{-1}$ en fonction des risques encourus par les catégories de population les plus vulnérables (nouveau-nés surtout). La durée de persistance des engrais dans le sol est très longue : même si l'on arrêtait aujourd'hui de fertiliser les sols, il faudrait plusieurs décennies pour retrouver une situation normale.

À leur mort, les **végétaux ayant proliféré** sont décomposés par des êtres vivants comme les bactéries, entraînant ainsi un appauvrissement en $O_2$ ou eutrophisation du milieu.

## II Pratiques agricoles et ressources en eau

L'accroissement de la production agricole entraîne une augmentation des consommations d'eau, ce qui implique des **prélèvements plus importants** aussi bien dans les eaux de surface que souterraines. Dans certaines zones, les prélèvements d'eau ont dépassé les possibilités de la ressource. C'est le cas de la mer d'Aral dont l'exploitation a abouti à un désastre écologique sans précédent : pour la culture du coton, espèce très exigeante en eau, la surexploitation de l'eau des fleuves alimentant cette

La diminution du volume d'eau de la **mer d'Aral** a aussi été accompagnée d'une augmentation de la concentration dans l'eau des pesticides utilisés pour la culture du coton.

mer a eu pour conséquence une diminution de 75 % de sa surface (doc. 1). Autrefois quatrième plus grande étendue d'eau intérieure du monde, la mer d'Aral est aujourd'hui un lac salé au milieu d'un désert.

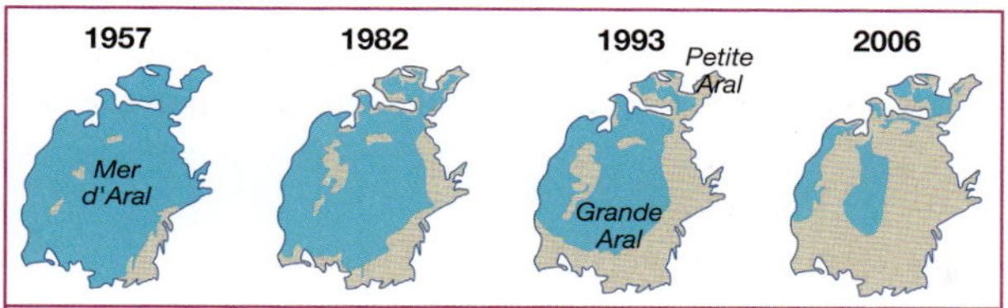


**Doc. 1. Conséquence des prélèvements d'eau pour la culture de coton sur la mer d'Aral.**

## III Risques liés à l'utilisation de produits phytosanitaires

- Utilisés de façon excessive, les **pesticides** peuvent aussi être entraînés par le ruissellement ou l'infiltration et se retrouver dans l'eau et les sols.
- Certains pesticides comme le DDT (insecticide organochloré, puissant et très toxique) se dégradent très lentement dans la nature. Ils peuvent donc être transmis tout au long des chaînes alimentaires, mais avec une **concentration** de plus en plus importante dans les organismes quand ils passent d'un niveau au suivant (doc. 2).

| Eau | Zooplancton | Petits poissons | Gros poissons | Oiseaux consommateurs de poissons |
|---|---|---|---|---|
| 0,000 003 | 0,004 | 0,5 | 2 | 25 |

**Doc. 2. Concentration du DDT dans une chaîne alimentaire en ppm (partie par million).**

- Des études démontrent que l'exposition environnementale aux pesticides tend à augmenter le risque de développer certains cancers.
- Différentes molécules utilisées pour améliorer le rendement des élevages comme les antibiotiques peuvent représenter un danger, car leur utilisation excessive peut conduire à l'apparition de souches bactériennes résistantes.

# 18 Amélioration des races animales et des variétés végétales

**Sélectionner, multiplier des organismes à fort rendement peut être une solution pour améliorer les productions agricoles dans une gestion durable de l'environnement.**

## I Améliorer la production par la sélection génétique d'organismes performants

- Pour obtenir des **producteurs plus performants** (de meilleur rendement, plus résistants aux maladies...), le sélectionneur choisit deux individus « parents » possédant chacun les qualités recherchées et qu'il souhaite retrouver associées dans leur descendance.

- À partir des parents sélectionnés, il est nécessaire de créer des **lignées pures** pour les caractères recherchés. Pour cela, on pratique des croisements entre végétaux ou, dans les élevages, par des accouplements entre parents proches. Les descendants qui ne possèdent pas le caractère recherché ne sont pas retenus et l'opération est répétée pendant plusieurs générations, jusqu'à obtenir uniquement des individus présentant le caractère recherché **(doc. 1)**.

De nombreux **croisements** sont nécessaires afin d'obtenir des lignées pures, génétiquement stables.

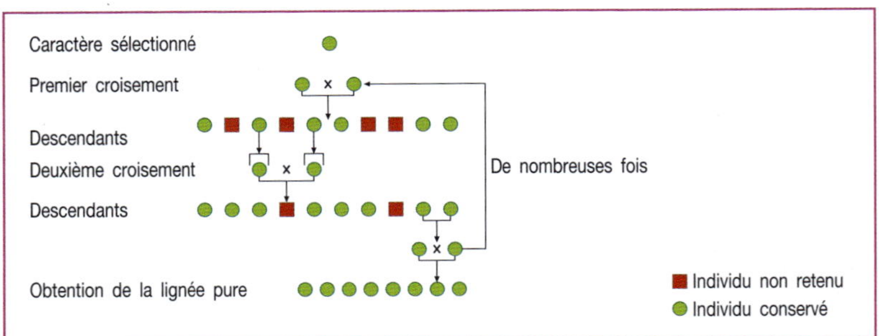


**Doc. 1. Principe d'obtention d'une lignée pure pour un caractère donné.**

- Le croisement entre les lignées pures sélectionnées donne des **hybrides F1** (pour 1re fécondation). Ces hybrides sont tous identiques entre eux et sont plus performants car ils réunissent les caractères parentaux recherchés : on parle de « vigueur hybride ».

La **vigueur hybride** est encore appelée « effet hétérosis »

## II Améliorer les producteurs par des manipulations génétiques

- Dans le domaine de l'agriculture, la **transgenèse** consiste à transférer un gène d'intérêt agronomique afin d'améliorer génétiquement les producteurs.
- Pour les cultures, la transgenèse permet :

– de **produire plus** : en augmentant les rendements des cultures par le transfert par exemple d'un gène permettant aux végétaux de résister à des parasites ou des ravageurs ;

– de **produire mieux** : par le transfert par exemple de gènes améliorant la valeur nutritionnelle des végétaux.

- Pour les élevages, les effets recherchés sont :

– **accélérer la croissance** animale grâce au transfert du gène de l'hormone de croissance ;

– **réduire les pathologies** par l'obtention de lignées d'animaux devenus génétiquement résistants à des maladies.

## III Multiplier les producteurs performants par bouturage ou clonage

- La **reproduction asexuée** est la capacité que possèdent certains êtres vivants à se multiplier sans faire intervenir la fusion de deux gamètes de sexes opposés. Elle aboutit à la production d'un clone : ensemble d'individus génétiquement identiques entre eux et à leur parent unique.
- Plusieurs techniques peuvent être utilisées pour **cloner des espèces végétales** cultivées dont :

– le **bouturage**, multiplication d'un végétal en replantant un fragment de celui-ci (feuille, tige…) ;

– le **clonage « *in vitro* »**, réalisé à partir de cellules prélevées au cœur des bourgeons ou de fragments d'organes.

- Les intérêts de cette technique sont d'obtenir :

– un **grand nombre de plants** rapidement, sans la contrainte imposée par les saisons et avec un encombrement minimal ;

– des **individus sains**, les cellules des bourgeons n'abritant jamais de virus. Ceci a permis de sauver des variétés qui étaient condamnées à disparaître.

- Le clonage animal est obtenu par « transfert de noyau » d'une cellule d'un animal donneur dans un ovule d'un animal receveur vidé de son noyau.

> Initialement réalisé chez les bovins, le **clonage animal** a été étendu à d'autres espèces comme les lapins, les moutons, les chèvres…

# 19 Engrais et produits phytosanitaires

**La FAO – l'organisme des Nations unies pour l'alimentation et l'agriculture – estime que la production agricole mondiale devra augmenter de 70 % d'ici 2050 pour couvrir les besoins des 9 milliards d'habitants que comptera la planète. Cela ne pourra pas se faire sans une bonne gestion de la fertilisation des sols et une protection efficace des plantes, dans le respect de l'environnement.**

## I Utilité des engrais et des produits phytosanitaires

→ fiche 15

Un engrais apporte à un sol cultivé les éléments nutritifs nécessaires pour compenser les pertes dues à l'exportation de matière organique. Ces éléments fertilisants, au nombre d'une vingtaine, sont ainsi regroupés :

– les **éléments de base** : il s'agit de l'azote (N), du phosphore (P) et du potassium (K) ;

– les **éléments secondaires** comme le calcium (Ca), le magnésium (Mg) et le soufre (S) ;

– les **oligoéléments** tels que le fer, le zinc, le chlore, etc.

Déjà, dans l'Antiquité, les Égyptiens enrichissaient les terres qu'ils cultivaient avec les **limons fertiles** du Nil.

Généralement, on classe les engrais selon trois catégories :

– les **engrais minéraux**, produits par l'industrie chimique ou extraits de gisements naturels (potasse, phosphate) ;

– les **engrais organiques**, principalement d'origine animale (os broyés, cornes torréfiées, boues d'épuration…) ou d'origine végétale (déchets verts, algues, purin d'ortie…) ;

– les **engrais organominéraux**, engrais mixtes.

→ fiche 15

Les produits phytosanitaires sont destinés à protéger les cultures de leurs nuisibles. Leurs substances actives – d'origine naturelle ou issues de la chimie de synthèse – peuvent être minérales ou organiques.

## II Composition chimique des engrais

Un **engrais simple** ne contient qu'un seul élément fertilisant, sinon il s'agit d'un **engrais composé**.

Les **engrais azotés** simples représentent pour la plante une source d'azote essentielle à la synthèse de ses protéines (molécules indispensables à son développement). On a principalement :

– les engrais nitriques qui ont une action très rapide, dite « coup de fouet » sur la végétation, car les ions nitrate ($NO_3^-$) qu'ils contiennent sont directement assimilables par la plante. Ils sont aussi facilement lessivables par les eaux de pluie ;

– les engrais ammoniacaux qui contiennent des ions ammonium ($NH_4^+$) ; ceux-ci ne sont assimilables par la plante qu'une fois transformés en ions nitrate par les bactéries du sol ;

– les engrais uréiques qui subissent une hydrolyse dans le sol, puis une nitrification (transformation en ions nitrate).

■ Les **engrais phosphatés** simples contribuent au développement des racines et accroissent la résistance de la plante. Ils proviennent principalement de minerais phosphatés traités à l'acide pour être utilisables. Le phosphore est libéré dans le sol sous la forme d'ions orthophosphate ($H_2PO_4^-$ ou $HPO_4^{2-}$).

■ Les **engrais potassiques** simples favorisent le développement des fleurs et des fruits. Ils sont principalement issus d'un minerai, la sylvinite (potasse d'Alsace). Ces engrais libèrent directement des ions potassium ($K^+$) dans le sol.

■ Titrage d'un engrais : diluons 100 fois un engrais minéral liquide utilisé contre le jaunissement prématuré des feuillages (chlorose ferrique des fruitiers) ; dosons les ions fer(II) qu'il contient.

La fin du dosage est repérée par un changement de coloration dans le bécher (= coloration violette).

On réalise deux dosages : l'un de 100 mL d'une solution étalon de concentration massique 0,3 g·L$^{-1}$ en ions fer(II) ; l'autre de 100 mL de solution d'engrais dilué. On note le volume de permanganate de potassium versé en fin de dosage.

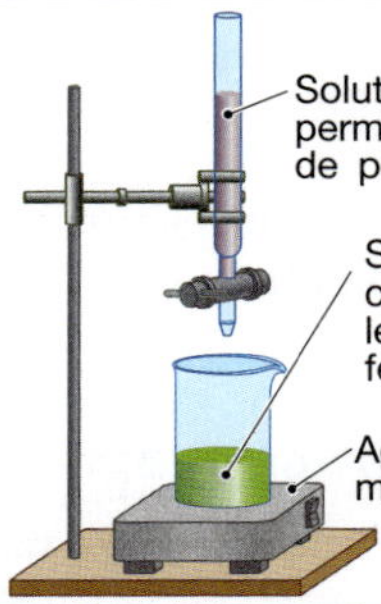


**Doc. 1. Dosage par comparaison d'une espèce chimique présente dans un engrais.**

Le **titrage** consiste à déterminer – par dosage – la concentration d'une espèce chimique présente dans une solution. Ici, il s'agit de titrer les ions Fe(II) présents dans l'engrais par un dosage colorimétrique (basé sur un changement de coloration du mélange).

| | Solution étalon | Engrais dilué |
|---|---|---|
| **Concentration en ions fer(II)** | 0,3 g·L$^{-1}$ | *C* ? |
| **Volume versé de permanganate de potassium** | 10 mL | 17 mL |

Donc **$C = 0,3 \times 17/10 = 0,51$ g·L$^{-1}$** dans l'engrais dilué 100 fois.

Dans l'engrais initial, on a donc 51 g·L$^{-1}$ d'ions fer(II).

# Quiz express

Vérifiez que vous avez bien retenu les points clés des **fiches 15 à 19**.

## Création et gestion des agrosystèmes

**1 Dans un agrosystème :**
- ☐ **a.** l'Homme intervient peu.
- ☐ **b.** la restitution naturelle des éléments minéraux au sol est très faible.
- ☐ **c.** on trouve une grande biodiversité.

**2 L'ajout de pesticides dans les agrosystèmes :**
- ☐ **a.** permet uniquement d'éliminer les mauvaises herbes.
- ☐ **b.** permet d'améliorer leur production.
- ☐ **c.** permet de compenser les pertes en éléments minéraux du sol liées à l'exportation de la biomasse lors des récoltes.

**3 L'ajout d'engrais dans les agrosystèmes a pour but :**
- ☐ **a.** de préserver la fertilité des sols.
- ☐ **b.** de polluer les sols.
- ☐ **c.** de compenser les pertes en éléments minéraux du sol liées à l'exportation de la biomasse lors des récoltes.

FICHE 15

## Choix d'une alimentation et développement durable

**4 Le rendement de la production de matière par une vache est faible car la matière qu'elle ingère :**
- ☐ **a.** est inférieure à la masse de matière qu'elle produit.
- ☐ **b.** sert en grande partie à la fabrication de son lait.
- ☐ **c.** est en partie dégradée par la respiration.

**5 La production de 1 kg de viande engendre :**
- ☐ **a.** la même quantité d'eau que pour la production de 1 kg de pommes de terre.
- ☐ **b.** un impact écologique bien supérieur à celui de la production de 1 kg de blé.
- ☐ **c.** le même coût énergétique que celui de la production de 1 kg de pommes de terre.

FICHE 16

## Impacts des pratiques agricoles sur l'environnement et la santé

**6 Vrai ou faux ? Cocher la bonne case.**

| | VRAI | FAUX |
|---|---|---|
| **a.** L'utilisation d'engrais pour les cultures n'a pas de conséquences pour l'environnement. | ☐ | ☐ |
| **b.** Certaines pratiques agricoles entraînent une augmentation des consommations en eau dépassant les réserves. | ☐ | ☐ |
| **c.** L'utilisation du DDT ne présente pas de risques car il se dégrade très rapidement dans la nature. | ☐ | ☐ |

FICHE 17

## Amélioration des races animales et des variétés végétales

**7 Le clonage :**

☐ **a.** consiste à hybrider deux espèces.
☐ **b.** peut être réalisé par bouturage.
☐ **c.** consiste à insérer des nouveaux gènes dans un végétal.

**8 Les manipulations génétiques des plantes ont pour seul objectif l'amélioration de leur productivité.**

☐ **a.** Vrai ☐ **b.** Faux

FICHE 18

## Engrais et produits phytosanitaires

**9 Vrai ou faux ? Cocher la bonne case.**

| | VRAI | FAUX |
|---|---|---|
| **a.** Les produits phytosanitaires apportent des éléments nutritifs au sol. | ☐ | ☐ |
| **b.** Les éléments fertilisants de base d'un engrais sont les éléments N, P et K. | ☐ | ☐ |
| **c.** Un engrais NK est dit simple. | ☐ | ☐ |
| **d.** On dose une solution afin de déterminer la concentration d'une espèce chimique présente. | ☐ | ☐ |

FICHE 19

**RÉPONSES**

**1.** b • **2.** b • **3.** a et c • **4.** c • **5.** b • **6.** a. Faux, b. Vrai, c. Faux • **7.** b • **8.** b • **9.** a. Faux, b. Vrai, c. Faux, d. Vrai

# SUJET 15 | Vers une culture durable du quinoa

DURÉE 30 MIN

→ **Fiche 16** Choix d'une alimentation et développement durable
→ **Fiche 17** Impacts des pratiques agricoles sur l'environnement et la santé

L'ONU a décrété 2013, année mondiale du quinoa, car elle estime que cette graine a le potentiel d'améliorer la sécurité alimentaire à travers le monde et prévenir ainsi la malnutrition. La Bolivie est le premier exportateur mondial de quinoa avec 70 % du marché.

Aussi, on cherche à savoir s'il est possible d'augmenter la production du quinoa en Bolivie pour contribuer aux besoins alimentaires de la planète dans une perspective de développement durable.

## DOCUMENT 1 Le quinoa, une pseudo-céréale

Le quinoa ne fait pas partie de la famille des céréales (graminées), mais de celle de la betterave et des épinards (les Chénopodiacées).

| | Quinoa | Riz | Blé | Orge |
|---|---|---|---|---|
| Protéines (g) | 13,8 | 7,4 | 11,5 | 10,6 |
| Glucides (g) | 59,7 | 74,6 | 59,4 | 57,7 |
| Lipides (g) | 5,0 | 2,2 | 2,0 | 2,1 |
| Minéraux (g) | 3,4 | 1,2 | 1,8 | 2,2 |

**a.** Composition chimique du quinoa et de quelques céréales pour 100 g de produit sec.

| Acides aminés essentiels (mg/g de protéines) | Besoins d'un adulte | Besoins d'un enfant | Lait entier de vache | Quinoa | Blé |
|---|---|---|---|---|---|
| Histidine | 16 | 19 | 27 | 31 | 25 |
| Isoleucine | 13 | 28 | 47 | 53 | 35 |
| Leucine | 19 | 66 | 95 | 63 | 71 |
| Lysine | 16 | 58 | 78 | 64 | 31 |
| Méthionone + Cystine | 17 | 25 | 33 | 28 | 43 |
| Phénylalanine + Tyrosine | 19 | 63 | 102 | 72 | 80 |

(d'après S. Lebonvallet, thèse AgroParisTech, 2008).

**b.** Comparaison des besoins humains et des teneurs en quelques acides aminés essentiels des protéines du lait de vache, du quinoa et du blé.

## DOCUMENT 2 La culture du quinoa en Bolivie

**a.** Caractéristiques de la culture traditionnelle du quinoa en Bolivie.

Le quinoa, ou « graine d'or » comme l'appellent les Boliviens, est cultivé depuis des millénaires (au moins 5 000 ans) essentiellement sur l'Altiplano, vaste plateau andin situé en moyenne à 3 800 m d'altitude. Sa culture est possible sur ces hauts plateaux froids, venteux, aux sols sableux et peu fertiles car :
- le quinoa est tolérant à diverses contraintes comme la sécheresse, les radiations UV, le gel et la salinité des sols ;
- le quinoa résiste naturellement contre les ravageurs grâce à la saponine, une substance qui recouvre ses grains, ce qui limite l'utilisation des pesticides ;
- traditionnellement, les terres étaient fertilisées par le fumier provenant des élevages de lamas et la fertilité des sols était renforcée par une rotation avec des cultures de pommes de terre, suivie d'une mise en jachère plus ou moins longue.

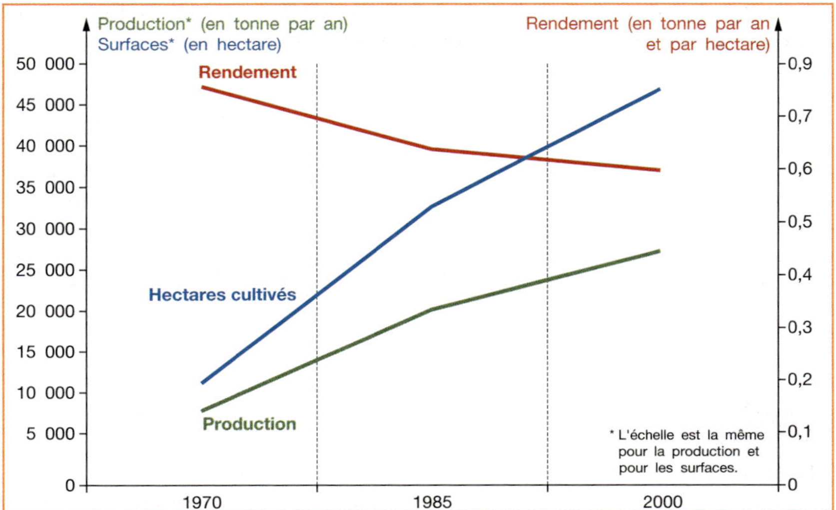


**b.** Évolution de la production de quinoa, des surfaces cultivées et du rendement des cultures en Bolivie des années 1970 aux années 2000.

L'extension des zones cultivées s'accompagne d'un passage à la monoculture et à la mécanisation (utilisation des tracteurs) dans les plaines où les terres sont moins fertiles et plus vulnérables à l'érosion.

## DOCUMENT 3 Le quinoa, l'or controversé des Andes

La non-régulation de l'extension et de la localisation des parcelles dans la plaine ont abouti à une monoculture de parcelles de quinoa contigües, favorables à la multiplication des ravageurs de la culture et à l'érosion éolienne. […] La marginalisation de l'élevage a provoqué une baisse de la production de fumier et la perte de la sécurité financière que constituait la vente des animaux dans les moments de nécessité.

Dépêche AFP, 15 juin 2012.

L'Association nationale des producteurs de quinoa (ANAPQUI) représente 25 % de la production bolivienne et se plaint qu'une grande partie de la production de quinoa parte en contrebande vers le Pérou, autre pays producteur.
L'organisation demande davantage de contrôle aux frontières. […]
Les zones de culture de quinoa ont doublé depuis 2005 en Bolivie […]. Mais l'extension des surfaces cultivées provoque des conflits entre paysans : en mars et avril, on a recensé plus d'une trentaine de blessés au cours d'affrontements entre cultivateurs, dans des régions où les limites territoriales ne sont pas définies très précisément.

Dépêche AFP, 01 décembre 2012.

**Suite à la décision prise par l'ONU de faire de 2013 l'année mondiale du quinoa, vous êtes chargé en tant que journaliste d'écrire un article justifiant le potentiel nutritif du quinoa, mais montrant aussi que l'augmentation de la production de quinoa n'est pas sans poser des problèmes environnementaux et sociaux en Bolivie.**

**Développer votre argumentation en vous appuyant sur les documents et votre culture.**

### DÉMARRONS ENSEMBLE

- Vous devez respecter le sujet et donc rédiger votre réponse sous la forme d'un article de presse en précédant chaque paragraphe d'un titre, mettant ainsi en valeur le contenu de celui-ci.
- Les informations vous permettant de construire votre réponse étant à la fois dans des textes, des tableaux ou des graphiques, il est nécessaire d'effectuer un tri afin de sélectionner celles vous permettant de répondre aux deux parties de la question.

## CORRIGÉ

De notre correspondant en Bolivie.

### Le quinoa, un succès à cultiver, mais de manière durable !

L'ONU vient de décréter 2013 année mondiale du quinoa. Cette institution internationale tient ainsi à valoriser les qualités nutritives de cette graine, cultivée sur les hauts plateaux de l'Altiplano. Cependant, l'augmentation de la production du quinoa n'est pas sans poser des problèmes, ici, en Bolivie !

### Le quinoa, une graine aux multiples vertus

- Le quinoa est qualifié de « pseudo-céréale » car elle ne fait pas partie de la famille des graminées, mais de celle de la betterave et des épinards (les Chénopodiacées). Cependant, si son mode de consommation et ses qualités nutritives la rapprochent des céréales cultivées, cette graine est plus riche en protéines, en lipides et en minéraux que le riz, le blé ou l'orge.
- De plus, par rapport au blé, le quinoa a l'avantage de réunir, tout comme le lait de vache, un ensemble équilibré d'acides aminés essentiels dont le corps humain a besoin.
- Outre ces propriétés nutritives, le quinoa présente comme autre qualité majeure sa très bonne résistance aux conditions naturelles difficiles. La « graine d'or », comme l'appellent les Boliviens, est cultivée sur les hauts plateaux de l'Altiplano, froids, balayés par les vents et aux sols sableux et peu fertiles. Le quinoa supporte en effet particulièrement bien la sécheresse, les radiations UV, le gel, la salinité des sols et résiste naturellement contre les ravageurs grâce à la saponine, une substance qui recouvre ses grains.

### Un marché en très forte croissance

Cela fait au moins 5 000 ans que les Boliviens cultivent le quinoa sur les hauts plateaux andins. Cependant, c'est depuis les années 1970 qu'il connaît un succès croissant. Ainsi, entre 1970 et 2000, la production est passée en Bolivie de 9 000 à 28 000 tonnes par an. Dans le même temps, les surfaces cultivées ont été multipliées par quatre, passant de 12 000 à 48 000 hectares. Parallèlement à cette hausse de la production, les prix d'achat aux producteurs ont constamment augmenté.

### Les revers du succès du quinoa

- En premier lieu, l'extension des zones de production s'accompagne d'une baisse du rendement des cultures qui est passé de 0,75 tonne par hectare et par an dans les années 1970 à 0,6 tonne par hectare et par an dans les années 2000. Cette baisse du rendement des cultures s'explique d'une part par l'extension des zones cultivées dans les plaines où les terres sont moins fertiles. De plus, le passage fréquent en monoculture au détriment des cultures traditionnelles mixtes, diminue la fertilité des sols qui était assurée par une rotation des cultures, suivie d'une mise en jachère plus ou moins longue. La marginalisation de l'élevage suite à l'extension des terres cultivées a provoqué une baisse de l'apport en fumier qui servait aussi à la fertilisation naturelle des sols pauvres de l'Altiplano.

Qui plus est, l'intensification de la production du quinoa a d'autres conséquences inquiétantes sur l'environnement de l'Altiplano : la mécanisation de la production avec l'utilisation des tracteurs accentue l'érosion éolienne, et le passage à une monoculture sur des parcelles contigües favorise la prolifération des parasites ravageurs.

L'autre revers de l'augmentation de la production du quinoa concerne la détérioration des équilibres sociaux. L'extension des zones de production (en particulier vers les plaines) provoque des conflits pour l'accès aux terres entre les paysans. Ces affrontements entre cultivateurs ont fait une trentaine de blessés dans les régions où les limites territoriales sont mal définies.

À ces pressions, s'ajoute la perte financière que constituait la vente des animaux dans les moments de nécessité. Les équilibres traditionnels dans les pays producteurs sont donc mis à mal par la hausse de la demande mondiale. Par ailleurs, les prix de vente du quinoa ont atteint de tels sommets que cela incite les producteurs à faire de la contrebande.

## Un équilibre à trouver

Le quinoa, avec ses vertus nutritives exceptionnelles et sa résistance aux conditions extrêmes (en particulier au froid, à l'altitude et à la sécheresse), constitue un remède possible pour contribuer aux besoins alimentaires de la planète. Pour autant, les régions traditionnelles de production souffrent de la hausse de la demande mondiale : les sols s'épuisent, leur érosion augmente et les équilibres sociaux sont mis à mal.

Il est donc nécessaire, si l'ONU veut que cette plante salvatrice puisse contribuer à la sécurisation alimentaire des populations, que sa production se fasse dans une perspective de durabilité afin d'éviter des dérapages environnementaux et sociaux pour les pays producteurs. Un équilibre entre augmentation de la production et préservation de l'environnement reste donc à trouver ici en Bolivie !

# SUJET 16 | Agriculture et gestion de la ressource en eau

DURÉE 30 MIN

→ Fiche 17 Impacts des pratiques agricoles sur l'environnement et la santé

Le lac Koronia, situé au nord de la Grèce, près de Thessalonique, est en train de disparaître. Quatrième lac de Grèce, il s'étendait sur 45 km², mais il a perdu un tiers de sa superficie en trente ans, et sa profondeur est passée de cinq à un mètre, parfois moins. À l'été 2009, le lac, presque sec, se traversait à pied.

## DOCUMENT 1 La décision de la cour européenne

À bout de patience, la Commission européenne a décidé, en janvier 2011, de traduire la Grèce devant la Cour de justice de l'Union européenne pour ne pas avoir protégé le lac alors que cette même commission avait donné en 2004 son aval pour un financement de 20 millions d'euros pour un plan de restauration du lac.

## DOCUMENT 2 Au nord de la Grèce, le lac Koronia se meurt

Situé dans une région agricole, le lac a souffert dans les années 1980 de l'intensification de l'agriculture mais aussi de l'industrialisation. Les entreprises rejetaient leurs eaux usées dans le lac, notamment des usines textiles très polluantes en raison de l'utilisation de bains colorants.

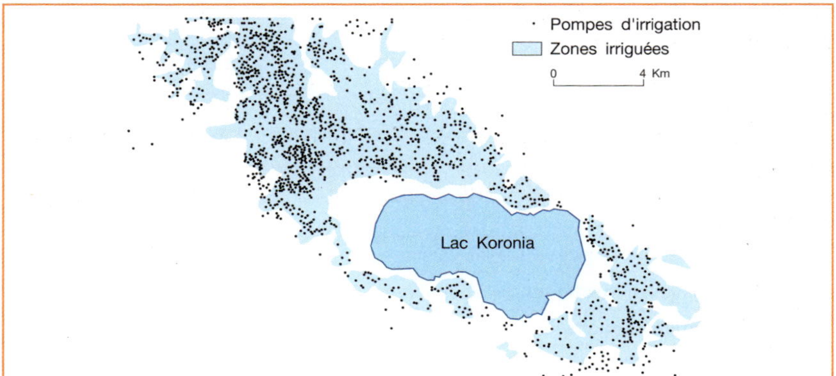


**Localisation des zones irriguées et des pompages autour du lac Koronia en 2007.**

Les eaux usées de la ville voisine de Lagadas viennent aussi s'y déverser. La station d'épuration, construite en 2001 avec le soutien financier de l'Union européenne, n'a toujours pas été raccordée à la ville !
À la fin des années 1970, les agriculteurs ont troqué leurs cultures maraîchères pour celle du maïs, plus gourmande en eau, avec la bénédiction de Bruxelles à l'époque. Ils ont continué à faire comme leurs parents : puiser l'eau dans le sol, mais avec des puits électriques - souvent illégaux - allant jusqu'à cinquante mètres de profondeur.
C'est ainsi que les eaux du lac ont baissé. Tous les poissons sont morts à la fin des années 1990. Une tentative de réintroduction en 2004 a été vaine.
Du plan de restauration, seule a été respectée la création d'un bassin qui permet de détourner le cours de deux rivières vers le lac. Début février, le bassin était vide, faute de précipitations pour alimenter les rivières. Toutefois, depuis un an, le bassin a permis de maintenir le niveau du lac autour d'un mètre. « Ce n'est plus un lac », explique Maria Moustaka, biologiste à l'université de Thessalonique. À l'entendre, il s'agit plutôt d'un bouillon de culture, où algues et microbes résistants aux matières toxiques prolifèrent.

D'après l'article *Au nord de la Grèce, le lac Koronia se meurt,* Le Monde, 16 février 2011.

## DOCUMENT 3 Apports et pertes d'eau annuels du lac Koronia

| Apports d'eau (en million de $m^3$) | |
|---|---|
| Par les rivières | 25,3 |
| Par les pluies | 147,6 |
| Par les eaux souterraines | 22 |
| **Total des apports** | **194,9** |

| Pertes d'eau (en million de $m^3$) | |
|---|---|
| Par évaporation | 137,1 |
| Par les eaux souterraines vers le lac voisin | 5,1 |
| Pour les usages domestiques de la population | 2,1 |
| Pour l'irrigation des cultures et l'élevage | 70,2 |
| Pour les besoins industriels | 4 |
| **Total des pertes** | **218,5** |

**La décision de la cour européenne, s'appuie sur le fait que la gestion des agrosystèmes doit prendre en compte les impacts des pratiques agricoles sur l'environnement dans la perspective d'un développement durable.**

**Préciser les facteurs qui ont contribué à dégrader l'environnement du lac Koronia et justifier la nécessité de protéger ce lac pour ne pas compromettre l'avenir de l'agriculture dans cette région.**

**Développer votre argumentation en vous appuyant sur les documents et vos connaissannces.**

**DÉMARRONS ENSEMBLE**

- Votre commentaire doit aborder deux aspects : les facteurs à l'origine de l'assèchement du lac et les mesures permettant sa protection et donc sa préservation.
- Pour le premier aspect, vous devez faire le lien entre le changement des pratiques agricoles et la dégradation de l'environnement du lac.
- Pour justifier les mesures de protection, vous devez estimer, à partir du document 3, le prélèvement maximal d'eau que l'on doit autoriser pour l'irrigation afin d'éviter la disparition du lac Koronia.
- Pour ce type de question, une analyse exhaustive des documents n'est pas attendue, mais en revanche votre développement doit être argumenté à partir des documents.

## CORRIGÉ

- Trente ans à peine, c'est ce qu'il aura fallu au quatrième plus grand lac de Grèce pour s'assécher !

Quels sont les facteurs qui sont à l'origine de cette catastrophe écologique en Europe et comment protéger ce lac afin d'éviter sa disparition ?

- Le texte du document 1 révèle que le lac a souffert à la fois de l'intensification de l'agriculture, mais aussi de l'industrialisation. À la fin des années 1970, un changement de pratiques agricoles a eu lieu autour du lac Koronia. Les agriculteurs se sont tournés vers la culture intensive d'une céréale très exigeante en eau : le maïs. De grandes quantités d'eau d'irrigation nécessaires à cette nouvelle culture ont été prélevées dans les nappes phréatiques et en particulier, comme le montre le document 2, dans les zones proches du lac où le nombre de pompes est important.

Les conséquences de ces prélèvements sont présentées par le document 3 sous forme d'un bilan des apports et des pertes d'eau annuels pour le lac Koronia. On constate effectivement qu'une partie des apports d'eau (environ 25 %) est réalisée par les eaux souterraines, mais également par les rivières. Les prélèvements liés à l'irrigation des cultures et à l'élevage constituent en revanche, une part très importante (environ 32 %) des pertes actuelles en eau du lac. Ils restent de loin bien plus élevés que les autres prélèvements humains (pour des usages domestiques ou industriels). Ainsi, le prélèvement d'eau « agricole » dans les eaux souterraines et l'irrigation plus gourmande en eau que pour les cultures maraîchères initiales expliquent l'assèchement du lac qui présente un déficit annuel en eau de 23,6 millions de m³. L'impact du changement de culture sur l'environnement n'a donc pas été pris en compte.

De plus, le rejet des eaux usées dans le lac par les industries et par la ville voisine de Lagadas a enrichi les eaux du lac en matières toxiques. Cette pollution, combinée à l'assèchement, a conduit à la mort des poissons.

■ Il y a donc nécessité de protéger le lac Koronia et les nappes phréatiques aux alentours, car leur assèchement rapide, causé par l'irrigation intensive, a pour conséquence de compromettre à moyen terme la culture du maïs, qui ne pourra plus bénéficier d'un stock d'eau suffisant. On peut même supposer qu'une fois les ressources en eau épuisées, le retour à des cultures plus sobres en eau sera difficile. Une des solutions possibles serait d'autoriser un prélèvement d'eau maximum de 23,6 millions de m³ pour l'irrigation afin que les apports en eau compensent les pertes et éviter ainsi la disparition du lac.

De même, le raccordement des eaux usées de la ville à la station d'épuration et le traitement des eaux rejetées par les industries eviteraient l'enrichissement des eaux du lac en matières toxiques et permettraient ainsi la préservation de sa biodiversité.

■ La décision de la Commission européenne (document 1) de traduire la Grèce devant la Cour de justice de l'Union européenne pour ne pas avoir protégé le lac Koronia est donc parfaitement justifiée, car le plan de restauration du lac qu'elle a financé en 2004 n'a pas été complètement appliqué afin d'éviter ce désastre écologique et de permettre des pratiques agricoles dans la perspective d'un développement durable.

# SUJET 17 | Amélioration d'une variété végétale par transgenèse

DURÉE 30 MIN

→ Fiche 18 Amélioration des races animales et des variétés végétales

Depuis une trentaine d'années, les progrès de la biologie moléculaire ont permis de développer une nouvelle génération de semences, génétiquement modifiées : on parle d'OGM.

Le riz, une des céréales les plus consommées au monde, et notamment dans les pays en développement, se caractérise par une déficience en vitamine A.

En effet, le riz n'est pas capable de synthétiser le béta carotène, précurseur de la vitamine A. Or, la carence en vitamine A est à l'origine de nombreux problèmes de vision pouvant entraîner une cécité.

Des chercheurs ont réussi à modifier le riz par transgenèse, en lui transférant deux gènes : un gène de jonquille et un gène de bactérie, codant pour des enzymes qui interviennent dans la synthèse de béta carotène (les gènes crt 1 et cly). Ils ont obtenu un riz génétiquement modifié, doté d'un nouveau caractère : la capacité de synthétiser le béta carotène, et lui ont donné le nom de « riz doré ».

## DOCUMENT Les principales étapes de modification du riz par transgenèse

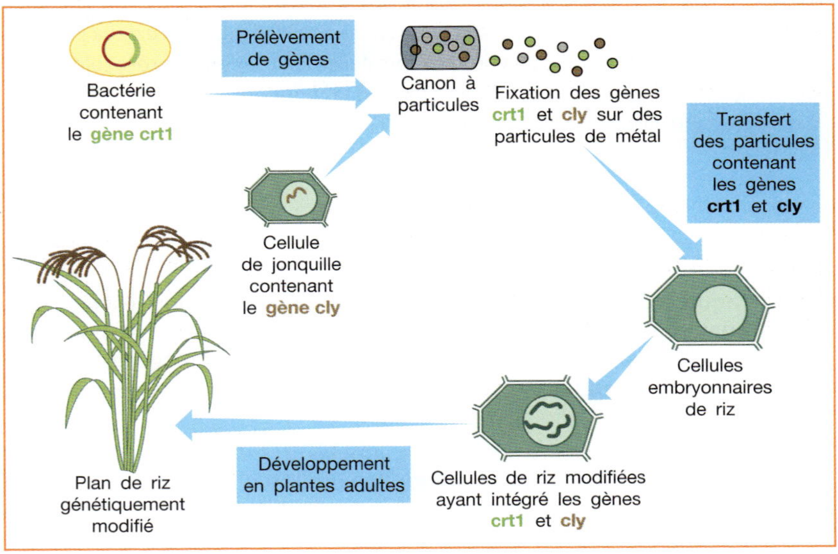

**De vifs débats opposent régulièrement les individus « pro-OGM » et les individus « anti-OGM ». Vous êtes membre d'un comité scientifique pro-OGM et vous devez prononcer un discours, qui se veut rassurant, au cours duquel vous devrez convaincre les agriculteurs anti-OGM des avantages du riz doré pour l'alimentation des populations des pays en développement.**

**Rédiger un texte d'une vingtaine de lignes correspondant au discours que vous feriez lors de cette réunion.**

**Récapituler les étapes de la modification du riz par transgenèse et expliquer l'intérêt de l'obtention du riz doré.**

DÉMARRONS ENSEMBLE

- Vous devez, ici, jouer un rôle : celui d'un scientifique devant convaincre des individus qui sont contre les OGM. Dans votre texte, vous devrez vous adresser à eux, être clair et convaincant.
- Les informations vous permettant de construire votre réponse sont à la fois dans le texte et dans le document ; il est donc nécessaire d'effectuer un tri afin de sélectionner les informations vous permettant de répondre aux deux parties de la question.
- Ne soyez pas déstabilisé si vous avez vu en cours des exemples où un seul gène est transféré dans l'organisme receveur afin d'obtenir le caractère désiré par les scientifiques. Pour le riz doré, il est nécessaire d'introduire deux gènes.
- Il faut bien préciser, lorsque vous récapitulerez les étapes du protocole, quel est le nouveau caractère porté par le plant de riz génétiquement modifié, car il ne figure pas sur le schéma.

## CORRIGÉ

Mesdames, Messieurs,

- Votre inquiétude au sujet de ce nouvel OGM qu'est le riz doré est légitime, et je vais tenter d'apaiser vos craintes en vous expliquant d'une part de façon simple les différentes étapes de la modification du riz par transgenèse, d'autre part en vous précisant les avantages de l'obtention de ce riz génétiquement modifié.
- Les chercheurs ont prélevé deux gènes, appelés crt 1 et cly, dont le rôle est de permettre la synthèse de béta carotène ; l'un est issu d'une bactérie et l'autre d'une fleur, la jonquille. Les gènes ont ensuite été fixés sur des particules de métal que l'on va transférer dans des cellules embryonnaires de riz.

- Les cellules de riz qui ont intégré les deux gènes vont se développer en plantes adultes : on obtient du riz génétiquement modifié, capable de synthétiser du béta carotène.
- Comme vous le savez tous, le riz est une des céréales les plus consommées au monde. Le problème est qu'elle est dépourvue de vitamine A, vitamine dont la déficience entraîne de graves problèmes de vision, pouvant même être à l'origine de cécité.
- Le riz génétiquement modifié est, comme je viens de vous l'expliquer, capable de synthétiser le béta carotène, précurseur de la vitamine A. Nous avons ainsi la possibilité, grâce à ce riz, d'apporter cette précieuse vitamine à des millions de personnes dont le riz est la base de l'alimentation.
- Vous comprendrez, je l'espère l'enjeu de ce nouvel OGM à l'échelle mondiale. Je vous remercie pour votre écoute.

## SUJET 18 | La bouillie bordelaise et la vigne

DURÉE : 25 MIN

→ **Fiche 15** Création et gestion des agrosystèmes
→ **Fiche 19** Engrais et produits phytosanitaires

### DOCUMENT 1 Une découverte fortuite : la bouillie bordelaise

Le mildiou apparaît en 1878 en Gironde. En provenance d'Amérique, ce champignon parasite dénommé *Plasmopara viticola* se développe rapidement, favorisé par l'humidité du climat. Il s'attaque d'abord aux feuilles, puis aux grappes, qui finissent par se dessécher ou pourrir sur pied. Un botaniste, Alexis Millardet, avait remarqué que les traces de cuivre pouvaient entraver la germination du champignon parasite. Dans le Bordelais, les vignerons de Saint-Julien avaient en effet coutume de pulvériser du vert-de-gris sur les feuilles des vignes longeant les chemins pour dissuader les voleurs de prendre du raisin, et Millardet avait noté que ces vignes étaient épargnées par le champignon. Les recherches qui suivirent ses observations permirent de préciser les proportions efficaces d'un mélange (la « bouillie bordelaise ») à base de sulfate de cuivre neutralisé par un lait de chaux, dont le chimiste Ulysse Gayon mit au point la formule exacte.

Extrait de *L'Archéologie du vin*, INRAP, (http://archeologie-vin.inrap.fr).

## DOCUMENT 2 Tests d'identification de quelques ions

| Ion testé | Réactif | Observation |
|---|---|---|
| Ion sulfate $SO_4^{2-}$ | Solution de chlorure de baryum | Précipité blanc de sulfate de baryum |
| Ion chlorure $Cl^-$ | Solution de nitrate d'argent | Précipité blanc de chlorure d'argent |
| Ion potassium $K^+$ | Solution de picrate de sodium | Précipité jaune de picrate de potassium |
| Ion calcium $Ca^{2+}$ | Solution d'oxalate d'ammonium | Précipité blanc d'oxalate de calcium |
| Ion cuivre $Cu^{2+}$ | Solution d'hydroxyde de sodium | Précipité bleu d'hydroxyde de cuivre |
| Ion fer(II) $Fe^{2+}$ | Solution d'hydroxyde de sodium | Précipité vert d'hydroxyde de fer(II) |

## DOCUMENT 3 La dilution de la bouillie bordelaise

La bouillie bordelaise est vendue dans le commerce sous la forme d'une poudre de couleur bleue ou bien de « liquide » à diluer et à pulvériser. Pour des questions de toxicité, on la dose généralement entre 10 g/L et 20 g/L avant de l'appliquer.

Prenons une bouillie bordelaise du commerce sous forme « liquide ». Réalisons dans un premier temps une dilution en prélevant 5 mL de cette bouillie bordelaise que l'on verse dans un récipient adapté de 100 mL, puis complétons avec de l'eau.

Un tube témoin de cette solution diluée est mis de côté.

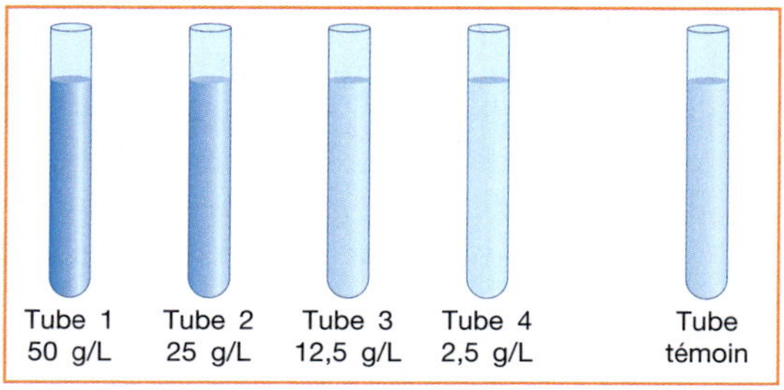


**1.** La bouillie bordelaise est un produit fongicide. À l'aide des informations du document 1 et de vos connaissances, expliquer ce qu'est un produit fongicide.

**2.** À quelle famille appartiennent les fongicides ?
**a.** Les insecticides
**b.** Les engrais
**c.** Les produits phytosanitaires
**d.** Les herbicides

**3.** Indiquer le réactif utilisé et le résultat obtenu lorsqu'on teste la présence des ions cuivre dans la bouillie bordelaise.

**4. A** Choisir, parmi les propositions ci-dessous, la verrerie nécessaire pour réaliser la dilution du document 3.
**a.** Deux béchers : l'un de 5 mL et l'autre de 100 mL.
**b.** Deux éprouvettes : l'une de 5 mL et l'autre de 100 mL.
**c.** Un bécher de 5 mL et une fiole jaugée de 100 mL.
**d.** Une pipette jaugée de 5 mL et une fiole jaugée de 100 mL.

**4. B** Une échelle de teinte figure dans le document 3. La concentration en ions cuivre de chaque tube est indiquée. Par comparaison, donner la concentration en ions cuivre du tube témoin.

**4. C** Déterminer la concentration de la bouillie bordelaise du commerce. Cette bouillie bordelaise peut-elle être pulvérisée pure sur les cultures ? Justifier la réponse.

### DÉMARRONS ENSEMBLE

**1.** Il s'agit avant tout de bien utiliser les informations du document 1 concernant l'action du cuivre sur la vigne.
**2.** En mobilisant vos connaissances sur la fertilisation des sols et sur les moyens de protection des cultures, vous pourrez faire votre choix parmi les quatre produits proposés.
**3.** Exploitez les informations du document 2.
**4. A** Utilisez vos connaissances expérimentales sur la préparation d'une solution.
**4. B** Identifiez le tube numéroté le plus proche du tube témoin.
**4. C** Commencez par analyser le protocole présenté dans le document 3 pour déterminer de combien de fois la bouillie bordelaise du commerce a été diluée. La question 4. B vous donne la concentration $C$ de la solution diluée. Déterminez alors la concentration $C_0$ de la bouillie bordelaise initiale. N'oubliez pas de conclure en comparant le résultat obtenu au seuil de toxicité du produit.

## CORRIGÉ

**1.** Un fongicide est un produit chimique destiné à **éliminer les champignons parasites** des cultures. Dans le cas de la vigne, la bouillie bordelaise détruit le champignon *Plasmopara viticola.*

**2.** La réponse correcte est la réponse **c**. Les **produits phytosanitaires** sont destinés à protéger les cultures de leurs nuisibles. Ils permettent d'éliminer notamment les champignons (fongicides), les plantes concurrentes (herbicides) et les insectes ravageurs (insecticides).

**3.** Le réactif utilisé pour mettre en évidence les ions cuivre est la **solution d'hydroxyde de sodium**. En présence d'ions cuivre, il se forme alors un **précipité bleu** d'hydroxyde de cuivre.

**4. A** La seule verrerie adaptée tant pour la précision des mesures de volumes que pour la praticité de la préparation du mélange correspond à celle présentée en **d** : pipette jaugée de 5 mL et fiole jaugée de 100 mL.

**4. B** Le tube témoin correspond davantage au tube 3. Dès lors, le tube témoin et le tube 3 ont une concentration identique en ions cuivre : 12,5 g/L.

**4. C** Le protocole nous indique que sur 100 mL de solution diluée, il y a uniquement 5 mL de bouillie bordelaise du commerce. Le « liquide » initial est donc **20 fois plus concentré en ions cuivre**.

> Dans 100 mL de **solution diluée**, on a 5 mL de bouillie bordelaise « liquide » et 95 mL d'eau. Le facteur de dilution est donc de $100 \div 5 = 20$.

Par ailleurs, la solution diluée possède une concentration *C* de **12,5 g/L en ions cuivre.** Celle de la bouillie bordelaise de départ est alors égale à :

$$C_0 = 20 \times 12{,}5 = 250 \text{ g/L}.$$

Le seuil des 10 à 20 g/L en ions cuivre est par conséquent largement dépassé. La bouillie bordelaise pure ne peut donc pas être pulvérisée sans **risques sanitaires et environnementaux**.

NOURRIR L'HUMANITÉ

# Qualité des sols et de l'eau

L'eau et les minéraux apportés par le sol sont indispensables au développement des cultures.

## FICHES



## BILAN



## SUJETS CORRIGÉS

# 20 Le sol : milieu d'échanges de matière

L'eau et le sol sont deux éléments indissociables : l'eau circule, modèle les paysages, façonne les sous-sols, tandis que les constituants minéraux et organiques du sol donnent à l'eau ses caractéristiques chimiques. Ces constituants seront aussi des déterminants essentiels de la qualité des eaux.

## I Qu'est-ce qu'un sol ?

- Le **sol** est la partie superficielle de la croûte terrestre. Pendant des millénaires, des processus physiques, chimiques et biologiques désagrègent et altèrent la roche mère pour aboutir aux particules minérales du sol : sables, limons et argiles.
- Les végétaux se fixent dans le sol, ils y puisent des ions minéraux. À leur mort, ils sont décomposés par des bactéries et des champignons. La matière organique végétale et animale en décomposition – appelée **humus** – est un des constituants essentiels du sol, au même titre que les **matières minérales**, l'**eau** et l'**air**.
- Le sol joue un rôle primordial dans le cycle de l'eau ainsi que dans le transport et la transformation d'éléments chimiques tels que l'azote, le carbone, le phosphore...

La **matière organique** est de la matière carbonée produite par les êtres vivants. Par opposition, la matière minérale ne provient pas du vivant.

## II Rôle de l'eau

- Non seulement l'eau est indispensable à la subsistance de tous les êtres vivants (plantes, animaux et êtres humains), mais elle joue, dans le sol, un double rôle à la fois dans la transformation d'espèces chimiques et dans le transport des substances dissoutes ou en suspension. Ce transport lui-même fait évoluer la composition du sol en profondeur.
- L'eau participe à différentes **transformations chimiques** (hydrolyse, oxydo-réduction, etc.) que les matières minérales et organiques du sol vont subir. Un certain nombre d'espèces chimiques vont se retrouver en solution dans l'eau, la plupart sous forme d'ions : on parle alors de **solutions ioniques**. Dans ces solutions, il y a deux types d'**ions** :

– les **anions**, chargés négativement : ion nitrate ($NO_3^-$), ion sulfate ($SO_4^{2-}$), ion carbonate ($CO_3^{2-}$) ;

– les **cations**, chargés positivement : ion sodium ($Na^+$), ion calcium ($Ca^{2+}$), ion magnésium ($Mg^{2+}$), ion fer(II) ($Fe^{2+}$).

- À noter qu'une solution ionique est toujours **électriquement neutre**.

## III Rôle du complexe argilo-humique

Le **complexe argilo-humique** échange en permanence des ions avec la solution du sol. La plante peut y puiser les éléments nutritifs dont elle a besoin.

■ Les argiles et l'humus du sol s'associent pour former, grâce à l'action stabilisatrice de certains cations (l'ion calcium notamment), le complexe argilo-humique (CAH). La particularité de ce complexe est de retenir à sa surface un certain nombre d'ions de la solution du sol (doc. 1) :

– les **cations** sont retenus facilement du fait de leur charge électrique opposée au CAH (les charges contraires s'attirent) ;

– les **anions** ne seront pas retenus – exception faite des ions phosphate ($PO_4^{3-}$) qui vont se lier aux ions calcium. Ainsi les ions nitrate non retenus par le sol vont se retrouver lessivés par les eaux de ruissellement.

■ Le complexe argilo-humique constitue un réservoir d'éléments nutritifs pour la plante (doc. 2).

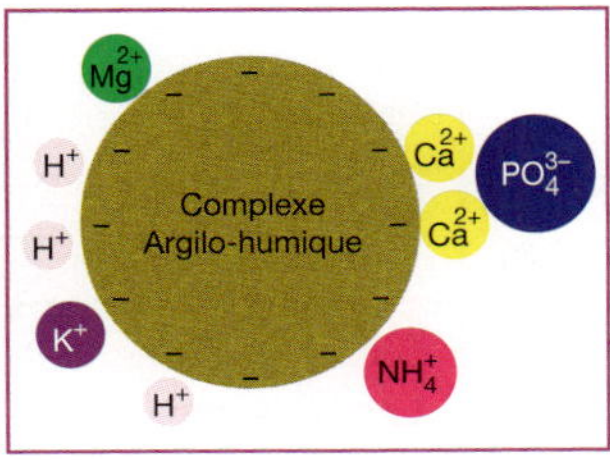


**Doc. 1. Schéma de la structure du CAH.**

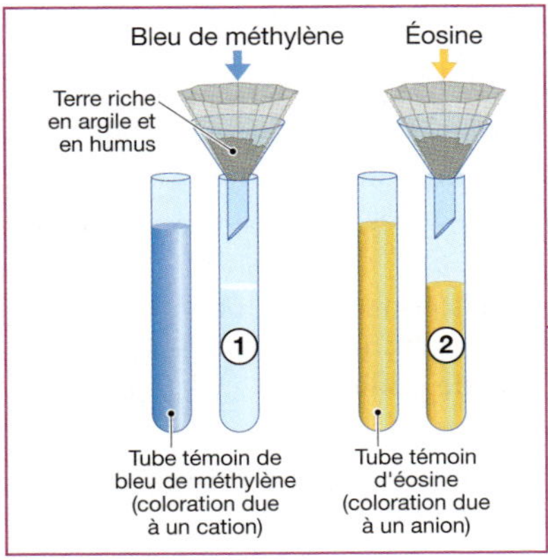


**Doc. 2. Le CAH retient certains ions.**
**1** Les cations du bleu de méthylène ont été retenus : le filtrat est incolore.
**2** Les anions de l'éosine n'ont pas été retenus : le filtrat reste coloré.

# 21 L'eau de consommation

**Les eaux destinées à la consommation humaine sont d'origines diverses : elles sont principalement souterraines et superficielles, mais elles peuvent aussi provenir du dessalement de l'eau de mer. Chaque eau possède une composition chimique qui lui est propre.**

## I L'eau dans notre environnement

- L'eau est très abondante sur notre planète (doc. 1), mais elle est très inégalement répartie, et seule une part très limitée de cet élément est réellement utilisable pour notre consommation : c'est ce que l'on appelle « l'eau disponible ». Il convient donc de gérer au mieux la ressource.
- L'eau destinée à un usage domestique peut être prélevée dans des nappes souterraines, à la sortie de sources ou dans des eaux de surface (rivières, lacs, etc.).

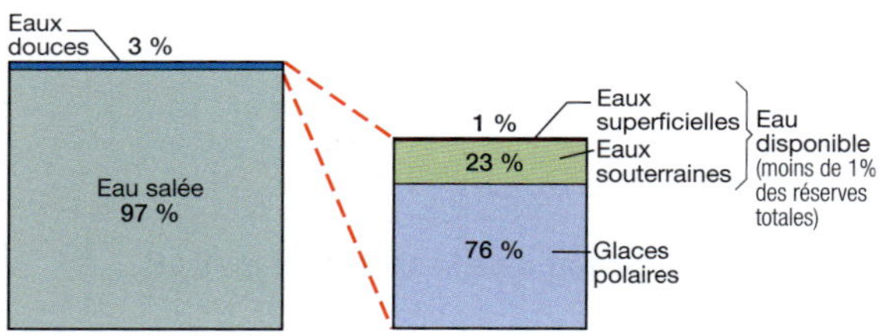


**Doc. 1. Les réserves d'eau sur Terre.**

## II Les différentes eaux de consommation

- L'**eau du robinet** provient d'une « eau brute » d'origine « superficielle » ou souterraine. Avant d'être distribuée aux consommateurs, elle est rendue potable par traitements et répond alors à des normes de qualité très précises.

→ fiche 22

- L'**eau de source** est naturellement propre à la consommation humaine, elle ne subit donc pas de traitement chimique. Son captage est souterrain et protégé des risques de pollutions.
- L'**eau minérale** est une eau de source dont la composition minérale, la qualité et la saveur ne varient pas. Cette eau peut posséder des propriétés thérapeutiques reconnues par l'Académie nationale de médecine.

Une eau bicarbonatée facilitera la **digestion**, alors qu'une eau magnésienne aidera le corps à lutter contre les **crampes**, le **stress** ou la **fatigue**.

## III La composition chimique d'une eau minérale

Les eaux minérales n'ont pas la même composition puisque celle-ci dépend de la nature des terrains géologiques dans lesquels les eaux ont voyagé, du temps de contact avec les roches, etc. Cette composition est définie par un ensemble de critères : résidu à sec, composition en ions, pH, dureté.

### 1. Le résidu à sec

Le **résidu à sec** correspond à la masse de matière restant après évaporation et chauffage à 180 °C. Une eau est très peu minéralisée avec moins de 50 $mg{\cdot}L^{-1}$ de masse résiduelle ; elle est très fortement minéralisée si cette masse dépasse 1 500 $mg{\cdot}L^{-1}$.

### 2. Les ions dissous

Une eau minérale contient de nombreux ions dissous (ions calcium $Ca^{2+}$, ions sodium $Na^{+}$, ions magnésium $Mg^{2+}$, ions chlorure $Cl^{-}$, ions hydrogénocarbonate $HCO_3^{-}$, etc.).

Certaines eaux minérales ne se prêtent pas à une consommation régulière, car certains **ions dissous** sont présents en trop grande quantité.

### 3. Le pH

Le **pH** est une échelle qui traduit le caractère acide (pH < 7) ou basique (pH > 7) de l'eau. Il se mesure en général à l'aide d'un pH-mètre.

### 4. La dureté de l'eau

- La **dureté de l'eau** ou **titre hydrotimétrique** est une mesure de sa concentration en ions calcium et magnésium. Les qualificatifs vont de « très douce » ou « douce » si cette concentration est faible, à « dure » ou « très dure » si elle est élevée.
- Les éléments magnésium et calcium sont indispensables à l'organisme ; une **eau dure** ne sera donc pas néfaste à la consommation humaine. Toutefois, savons et détergents moussent moins avec une eau dure, ce qui conduit à des lavages moins efficaces et à une surconsommation de lessive. Par ailleurs, les ions calcium vont précipiter sous forme de carbonate de calcium ou **tartre**, entraînant des dépôts dans les cafetières, fers à repasser, résistances de machine à laver, etc.
- Une **eau douce** peut, à l'inverse, provoquer certains risques sanitaires, car elle est corrosive pour les canalisations : la corrosion entraîne la présence de substances (plomb, cuivre, etc.) nocives à la consommation, ou encore le développement de bactéries aux points de fuite éventuels.

# 22 De l'eau naturelle à l'eau potable

**Chaque année, plus de 5,5 milliards de mètres cubes d'eau sont captés à l'état brut pour répondre aux besoins en eau potable des Français. Le captage s'effectue pour les deux tiers dans les eaux souterraines, et pour le reste dans les eaux superficielles. L'eau brute prélevée est d'abord acheminée dans une usine de potabilisation.**

## I Les critères de potabilité de l'eau

Une eau est considérée comme **potable** lorsqu'elle peut être bue à raison de deux litres par jour toute une vie, sans risque pour la santé. En France, 63 paramètres permettent de contrôler la qualité de l'eau : ils concernent le caractère sain de l'eau (absence de micro-organismes, quantité limitée de substances indésirables ou toxiques), mais aussi ses caractéristiques organoleptiques (odeur, saveur, turbidité) et physicochimiques (pH, température, etc.).

## II Le traitement de l'eau

■ L'eau brute, captée, est traitée dans une usine de production d'eau potable afin d'être rendue propre à la consommation humaine. Elle y subit de nombreuses interventions qui la font répondre aux paramètres de potabilité. Il existe principalement deux voies d'opération :

– la première, la plus répandue, utilise des traitements chimiques ;

– la deuxième, qui tend à se développer, repose sur les technologies récentes de nanofiltration.

Toutes les usines ne procèdent pas au même traitement, car celui-ci dépend de la qualité de l'eau brute captée.

■ Un traitement complet de l'eau brute **(doc. 1)** comprend en général trois grandes étapes :

– Un **prétraitement** pour éliminer les gros déchets en les retenant par une grille (dégrillage) et pour supprimer le fer, le manganèse et les algues, par oxydation à l'ozone notamment.

– Une **clarification** qui tend à supprimer les particules en suspension. Pour faciliter cette étape, on utilise des réactifs chimiques qui agglomèrent les particules les plus fines (procédés de coagulation et floculation) : rendues plus lourdes, ces particules sont plus facilement retirées par décantation puis par filtration. À la fin de cette étape, l'eau est claire.

La **nanofiltration** consiste à filtrer l'eau, sous pression, à travers des membranes 10 000 fois plus fines qu'un cheveu, afin de l'adoucir ou d'éliminer certains micropolluants (bactéries, virus, pesticides, etc.).

– Un **affinage** pour éliminer les germes pathogènes tels virus et bactéries, ainsi que les micropolluants organiques comme les pesticides. Cette étape utilise les procédés d'ozonisation et de filtration sur charbon actif.

Avant que l'eau ne soit envoyée dans le réseau de distribution, on procède encore à une chloration pour éviter tout risque de contamination ultérieure.

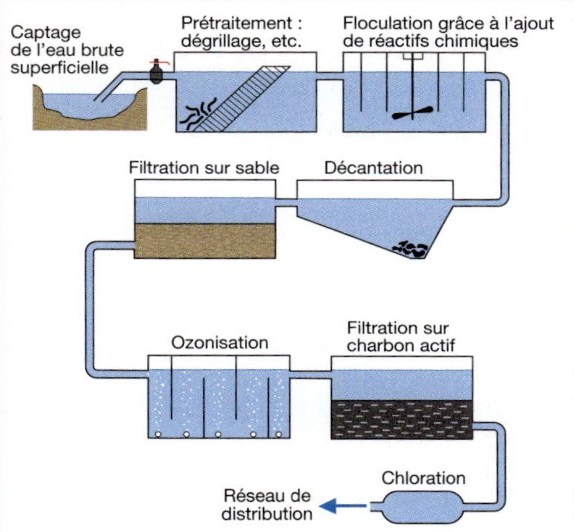


**Doc. 1. Les étapes du traitement de l'eau potable.**

## III Adoucissement d'une eau dure

Pour éviter les désagréments d'une eau dure, on peut utiliser un adoucisseur d'eau. Le plus souvent, cet appareil réduit la dureté de l'eau en remplaçant les ions calcium et magnésium par des ions sodium. Une résine échange les ions (doc. 2) ; une fois **saturée** en ions calcium et magnésium, un rinçage par une solution riche en ions sodium régénère la résine.

→ fiche 21

Les **résines échangeuses d'ions** sont utilisées pour adoucir ou encore pour déminéraliser une eau, ceci pour des « contaminants » en faibles concentrations. Dans le cas contraire, d'autres technologies peuvent être employées : distillation, procédé d'osmose inverse, etc.

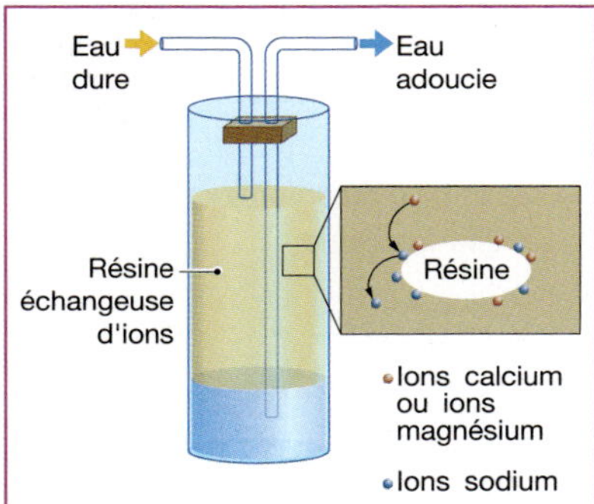


**Doc. 2. Résine échangeuse d'ions.**

# Quiz express

Vérifiez que vous avez bien retenu les points clés des **fiches 20 à 22.**

## Le sol : milieu d'échanges de matière

**1 La formation d'un sol dépend :**

- [ ] **a.** uniquement des végétaux qui se fixent en surface.
- [ ] **b.** de la nature de la roche mère.
- [ ] **c.** du climat (précipitations et température).
- [ ] **d.** de la présence de bactéries et de champignons.

**2 On trouve dans le sol :**

- [ ] **a.** de la matière organique et de la matière minérale.
- [ ] **b.** uniquement de la matière minérale.
- [ ] **c.** des éléments sous forme solide, liquide et gazeuse.
- [ ] **d.** uniquement de la matière organique.

**3 Les ions $Ca^{2+}$ vont être retenus par le complexe argilo-humique.**

- [ ] **a.** Vrai
- [ ] **b.** Faux

**4 Les ions $NO_3^-$ vont être retenus par le complexe argilo-humique.**

- [ ] **a.** Vrai
- [ ] **b.** Faux

**5 Les ions $SO_4^{2-}$ vont être retenus par le complexe argilo-humique.**

- [ ] **a.** Vrai
- [ ] **b.** Faux

**6 Les ions $H^+$ vont être retenus par le complexe argilo-humique.**

- [ ] **a.** Vrai
- [ ] **b.** Faux

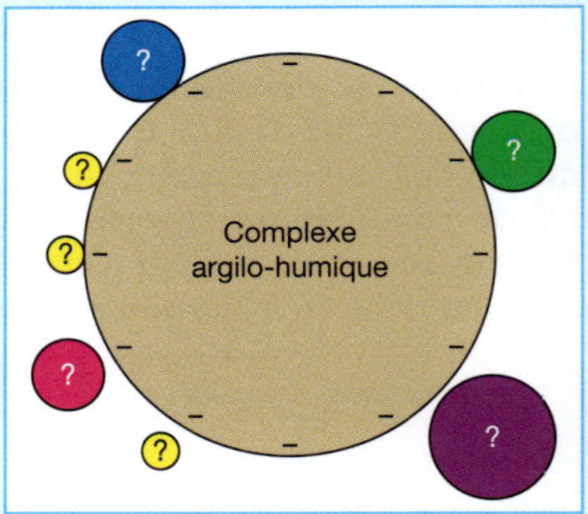


**Structure du complexe argilo-humique.**

**7 Parmi les ions suivants, quels sont les cations ?**

- [ ] **a.** $SO_4^{2-}$
- [ ] **b.** $Ca^{2+}$
- [ ] **c.** $NO_3^-$
- [ ] **d.** $H^+$

FICHE 20

## L'eau de consommation

**8 Une eau de source est :**

- ☐ **a.** naturellement potable et possède une composition minérale constante.
- ☐ **b.** naturellement potable, mais sa composition minérale peut varier.
- ☐ **c.** rendue potable par traitements pour répondre à des critères de qualité.
- ☐ **d.** puisée dans les eaux de surface ou souterraines et n'est pas traitée.

**9 En utilisant les données du tableau :**

**A** Quelle eau est acide ?
☐ **a.** Contrex ☐ **c.** Évian
☐ **b.** Volvic ☐ **d.** Ste-Cécile

**B** Quelle eau est basique ?
☐ **a.** Contrex ☐ **c.** Évian
☐ **b.** Volvic ☐ **d.** Ste-Cécile

**C** Quelle eau est la plus dure ?
☐ **a.** Contrex ☐ **c.** Évian
☐ **b.** Volvic ☐ **d.** Ste-Cécile

| Eau | Ion calcium (mg/L) | Ion magnésium (mg/L) | pH |
|---|---|---|---|
| **Contrex** | 468 | 75 | 6,9 |
| **Volvic** | 11,5 | 8 | 7 |
| **Évian** | 78 | 24 | 7,2 |
| **Ste-Cécile** | 44 | 24 | 7,4 |

**Composition de quatre eaux de consommation.**

FICHE 21

## De l'eau naturelle à l'eau potable

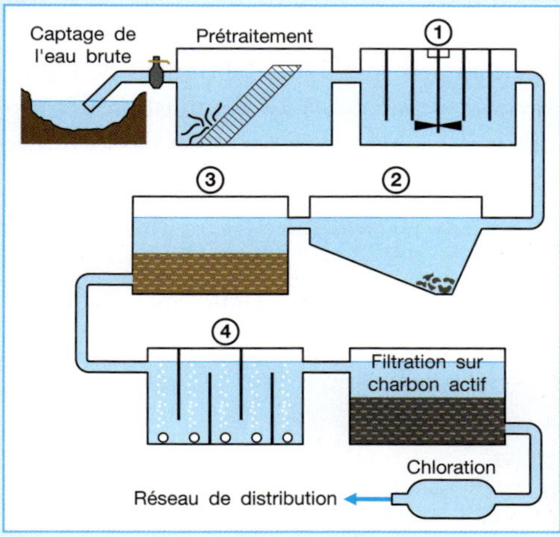


**10 Retrouver le nom de chaque étape de traitement de l'eau.**

1. Étape ①
2. Étape ②
3. Étape ③
4. Étape ④

**a.** Ozonisation
**b.** Floculation
**c.** Filtration
**d.** Décantation

**Les étapes du traitement de l'eau potable.**

FICHE 22

RÉPONSES

**1.** b, c et d • **2.** a et c • **3.** a • **4.** b • **5.** b • **6.** a • **7.** b et d • **8.** b • **9.** A. a – B. c et d – C. a •
**10.** 1b - 2d - 3c - 4a

# SUJET 19 | Engrais azotés : une nécessité pas toujours sans risque

DURÉE 25 MIN

→ **Fiche 19** Engrais et produits phytosanitaires
→ **Fiche 20** Le sol : milieu d'échange de matière

## DOCUMENT 1 Réduire la pollution par l'azote

Des milliards d'êtres humains vivent aujourd'hui grâce à une découverte centenaire : en 1909, le chimiste allemand Fritz Haber, de l'Université de Karlsruhe, réussit à transformer l'azote gazeux en ammoniac, le composé actif des engrais, à l'aide d'un catalyseur. Très abondant dans l'atmosphère, l'azote est un gaz inerte, c'est-à-dire qu'il n'est pas utilisable tel quel par les organismes vivants (du moins la majorité d'entre eux).
En 1913, un autre chimiste allemand, Carl Bosch, mit au point un procédé permettant d'appliquer la méthode de Fritz Haber à l'échelle industrielle. Des centaines de milliers de tonnes d'engrais azotés purent être produites dès la fin des années 1910. Elles permirent de transformer des terres stériles en champs fertiles et de faire se succéder les cultures sans attendre que le sol ne se soit naturellement régénéré. […]
Mais aujourd'hui, ce progrès se paie au prix fort. Nous fabriquons de l'azote réactif, soit sous forme d'engrais, soit comme dérivé de combustion des ressources fossiles et de procédés industriels. Une bonne part n'est pas assimilée par les plantes, mais est rejetée dans l'atmosphère, les rivières et les océans [...]

Alan Townsend et Robert Howarth, *Réduire la pollution par l'azote*, Pour la Science, n°393, juillet 2010.

## DOCUMENT 2 Le fonctionnement du complexe argilo-humique (CAH)

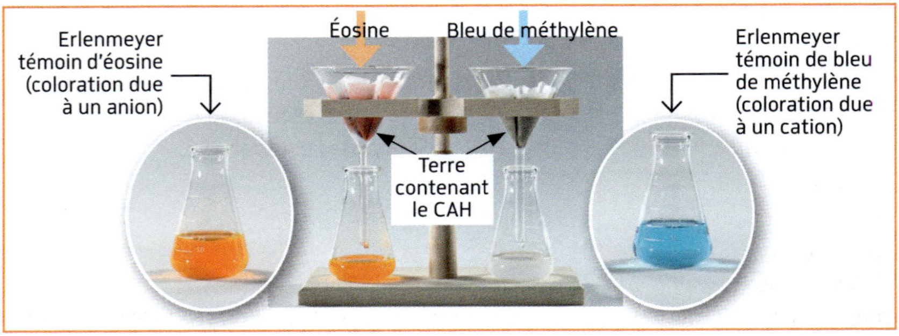

**1.** En utilisant les informations du document 1 et vos connaissances, donner quelques arguments en faveur de l'utilisation des engrais azotés.

**2.** En analysant le document 2, choisir la bonne réponse parmi les deux séries de propositions ci-dessous.

**A** Le complexe argilo-humique retient principalement :

**a.** les anions
**b.** les cations
**c.** les cations et les anions
**d.** les espèces chimiques neutres

**B** Le complexe argilo-humique possède une charge :

**a.** nulle
**b.** positive
**c.** négative
**d.** dont on ne connaît pas le signe

**3.** À l'aide du document 2, expliquer comment les nitrates peuvent se retrouver dans les eaux brutes de surface ou souterraines.

### DÉMARRONS ENSEMBLE

**1.** À l'aide de vos connaissances, donnez l'utilité des engrais azotés puis utilisez les arguments du document 1 pour compléter vos propos.
**2.A** et **2.B** Observez attentivement, puis interprétez les deux expériences présentées. Elles vous permettent de trouver la nature des ions retenus par le CAH et par voie de conséquence le signe de la charge du CAH.
**3.** Le document 2 ainsi que vos connaissances doivent vous permettre d'expliquer les échanges de matière dans le sol.

## CORRIGÉ

→ fiche 19

**1.** Les engrais azotés épandus sur les sols cultivés représentent pour la plante une source d'azote essentielle à la synthèse des protéines. Ils peuvent contenir des ions nitrate directement assimilables par la plante ou des composés azotés qui seront transformés en ions nitrate dans le sol sous l'action de bactéries.

Ces engrais azotés permettent de :
– faire se succéder les cultures sans attendre que le sol ne se soit naturellement régénéré (argument du texte) ;
– transformer des terres stériles en champs fertiles (argument du texte) ;
– augmenter le rendement des cultures.

→ fiche 15

**2. A** La réponse convenable est la b. En effet, l'ion coloré en bleu – un cation ou ion positif – a été retenu par le CAH.

→ fiche 20

**2. B** Seule la proposition c est correcte. En effet, l'affinité du CAH pour les cations montre qu'il a une charge de signe opposé, c'est-à-dire négative.

**3.** Le complexe argilo-humique du sol résulte de l'association de particules d'argile et d'humus sous l'action liante des ions calcium. Sa surface est chargée négativement. Les cations de la solution du sol - de charges opposées - vont venir se fixer à la surface du CAH constituant ainsi une réserve nutritive pour la plante. Les ions nitrate sont quant à eux négatifs : ceux qui ne seront pas utilisés rapidement par la plante ne pourront donc pas être retenus par le CAH puisque les charges de même nature se repoussent. Ils vont alors se retrouver lessivés par les eaux de ruissellement, puis entraînés dans les cours d'eau et les nappes souterraines.

Les **ions nitrate** ont pour formule chimique $NO_3^-$.
→ **fiche 17**

# SUJET 20 | L'eau potable

DURÉE 25 MIN

→ **Fiche 21** L'eau de consommation
→ **Fiche 22** De l'eau naturelle à l'eau potable

## DOCUMENT 1 Contrôle sanitaire de la qualité d'une eau de consommation

| Paramètre | Valeur | Limite de qualité | Référence de qualité |
|---|---|---|---|
| Conductivité à 25 °C | 646 µS/cm | | ⩾ 200 et ⩽ 1100 µS/cm |
| Couleur (qualitatif) | 0 qualit. | | |
| Entérocoques /100 mL-MS | 0 n/100 mL | ⩽ 0 n/100 mL | |
| *Escherichia coli* /100 mL -MF | 0 n/100 mL | ⩽ 0 n/100 mL | |
| Fer total | < 20,00 µg/L | | ⩽ 200 µg/L |
| Nitrates (en $NO_3^-$) | 33,3 mg/L | ⩽ 50 mg/L | |
| Odeur (qualitatif) | 0 qualit. | | |
| Saveur (qualitatif) | 0 qualit. | | |
| Température de l'eau (2) | 18,6 °C | | ⩽ 25 °C |
| Titre hydrotimétrique | 27,8 °F | | |
| Turbidité néphélométrique NFU | 0,3 NFU | | ⩽ 2 NFU |
| pH | 7,43 unités pH | | ⩾ 6,5 et ⩽ 9 unités pH |

Ministère des Affaires sociales et de la Santé (http://www.social-sante.gouv.fr/)

## DOCUMENT 2 Les différentes étapes de traitement d'une eau brute

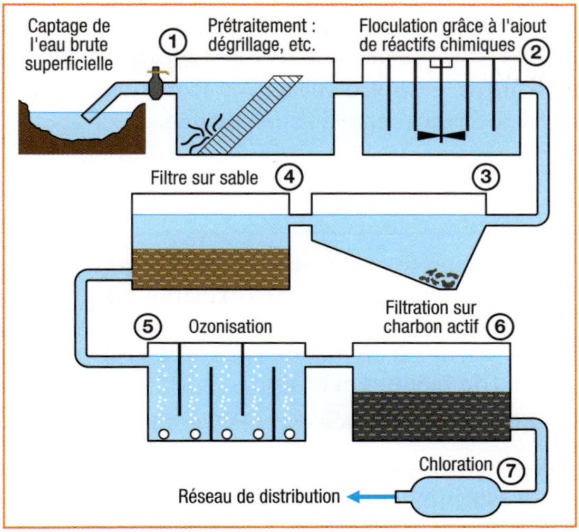


**1.** À la fin du document 1, on voit apparaître la notion de pH. À l'aide de vos connaissances, expliquer à quoi cela correspond.

**2.** Le titre hydrotimétrique de l'eau (ici 27,8 °F) est indiqué dans l'analyse du document 1 ; il permet de mesurer :

**a.** la température de l'eau
**b.** l'acidité de l'eau
**c.** le résidu à sec de l'eau
**d.** la dureté de l'eau

**3.** Donner le nom du processus schématisé dans l'étape 3. Dire en quoi consiste cette étape.

**4.** La clarification permet d'éliminer de l'eau les corps flottants et les particules en suspension. Quelles sont les différentes étapes qui font partie de ce processus de traitement ?

**5.** Donner le numéro des étapes qui permettent d'éliminer les micro-organismes pathogènes.

**DÉMARRONS ENSEMBLE**

**1.** et **2.** Il s'agit dans ces deux questions de mobiliser vos connaissances sur la composition chimique d'une eau de consommation.
**3.**, **4.** et **5.** Le document 2 donne des indications partielles sur les traitements qui conduisent une eau brute à une eau propre à la consommation humaine. Il est donc nécessaire, ici encore, d'utiliser vos acquis pour répondre à chacune des trois questions. Chaque réponse sera rédigée.

## CORRIGÉ

**1.** Le pH permet d'**évaluer le caractère acide ou basique d'une eau** ou de toute autre solution. La valeur du pH s'exprime sur une échelle graduée – en général de 0 à 14. Si le pH vaut 7, l'eau est neutre ; si cette valeur est en dessous de 7, l'eau est acide, tandis qu'au-dessus de 7, elle sera basique.

→ fiche 21

Dans le document 1, l'eau analysée est **très légèrement basique** (pH = 7,43).

**2.** On parle de titre hydrotimétrique ou encore de la dureté d'une eau. Il s'agit essentiellement d'une évaluation de sa teneur en ions calcium et magnésium. La réponse correcte était donc la réponse **d**.

L'eau analysée a une **dureté** de 27,8 °F ; il s'agit donc d'une eau dure.
→ fiches 21 et 22

**3.** L'étape 3 correspond à la décantation. C'est une technique de séparation qui, dans le cas présent, consiste à laisser reposer une eau contenant des particules en suspension : sous l'effet de la gravitation, les particules les plus lourdes (ou rendues plus lourdes par l'étape précédente de floculation) se déposent dans le fond du bassin.

**4.** La clarification est le processus qui tend à éliminer toutes les particules en suspension mais également les corps flottants.

Elle englobe donc différentes étapes : le prétraitement avec notamment le dégrillage (étape 1), la floculation (étape 2), la décantation (étape 3) et la filtration sur sable (étape 4). À l'issue de ces quatre étapes, l'eau est claire.

On a fait le choix, ici, d'inclure le **prétraitement** dans la clarification. En général, i est une « grande étape » à part entière.
→ fiche 22

**5.** Pour éliminer les micro-organismes pathogènes (bactéries, amibes…) de l'eau, on a tendance à utiliser des désinfectants comme l'ozone ou bien le chlore et ses dérivés. Dans la chaîne de traitement de l'eau, cette désinfection est réalisée à l'étape 5 (ozonisation) et à l'étape 7 (chloration).

# Qualité et innocuité des aliments : le contenu de nos assiettes

Des aliments de qualité, frais et sains sont nécessaires pour notre alimentation.

## FICHES



## BILAN



## SUJETS CORRIGÉS

# 23 Biologie des micro-organismes et conservation des aliments

Les techniques de conservation des aliments se fondent sur la connaissance de la biologie des micro-organismes qui se développent et dégradent les aliments. Les techniques de conservation visent à empêcher leur développement.

## I Les micro-organismes, source d'intoxications alimentaires

- Les **micro-organismes** (bactéries, moisissures et levures) que l'on retrouve dans les aliments peuvent provenir de l'aliment lui-même ou être apportés par l'environnement.
- La conservation des aliments implique d'empêcher le développement des micro-organismes qui pourraient dégrader les aliments et dont certains sont **pathogènes**.
- Les effets pathogènes de certains de ces micro-organismes sont liés à leur présence elle-même ou aux toxines qu'ils libèrent.
- La consommation d'un aliment contaminé par un micro-organisme pathogène peut alors entraîner une **toxi-infection** (ou une intoxication) alimentaire. C'est le cas de la salmonellose, toxi-infection la plus fréquente due à une bactérie, la salmonelle.

La **salmonelle** se multiplie dans la muqueuse intestinale. On peut la retrouver dans les aliments : les viandes, le lait, les œufs (dont la coquille est fêlée) ainsi que dans toute préparation à base d'œuf cru.

## II Biologie des micro-organismes et conservation des aliments

- Les techniques de conservation nécessitent une connaissance de la biologie de ces micro-organismes.
- Par division cellulaire (bactéries), bourgeonnement (levures) ou production de spores, les micro-organismes peuvent se multiplier rapidement : dans des conditions favorables, le temps nécessaire à une bactérie pour se diviser est de l'ordre de 20 à 30 minutes.
- La multiplication des micro-organismes dépend du type et de la quantité d'aliment, mais aussi de différentes conditions physico-chimiques.

– La **température** : certains micro-organismes ne se développent pas à basse température, d'autres au contraire peuvent le faire. De plus, on ne constate aucun développement de bactéries pathogènes pour

→ fiche 24

une température supérieure à 63 °C. Les spores pathogènes, plus résistantes, nécessitent cependant une température supérieure à 100 °C pour être détruites.

- L'**humidité** : l'eau des aliments est en partie liée aux molécules qui les constituent et n'est donc pas disponible pour les micro-organismes. Seule l'eau « libre » est disponible : plus cette quantité d'eau est importante (le maximum étant pour l'eau pure), plus les micro-organismes se développent **(doc. 1)**. Les bactéries ont besoin de beaucoup d'eau libre, les moisissures sont les plus résistantes.

Les **spores** de la bactérie *Clostridium botulinum* responsable du botulisme résistent des heures à 100 °C et il faut au moins 10 minutes à 120 °C pour les détruire.

- La **teneur en dioxygène** : la plupart des micro-organismes se développent en présence d'$O_2$ : ils respirent. Certains n'ont pas nécessairement besoin d'$O_2$, ils fermentent.
- Le **pH** : la plupart des bactéries se développent dans des milieux dont le pH est voisin de la neutralité, cependant les levures et les moisissures se développent encore bien sur des aliments acides comme les agrumes.

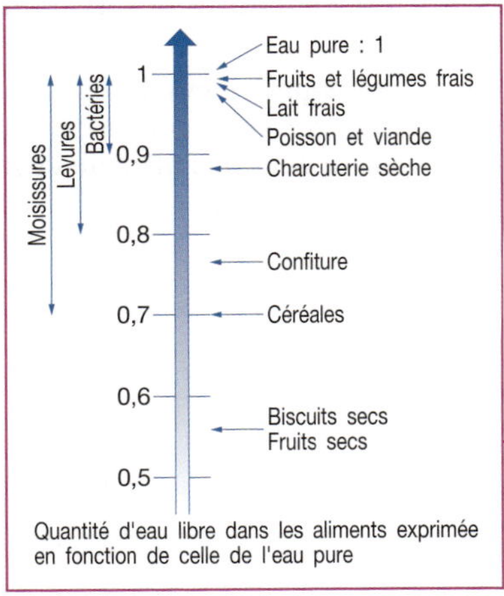


**Doc. 1. Limites de développement des micro-organismes en fonction de la quantité d'eau libre.**

→ fiche 25

■ Les techniques de conservation des aliments visent donc :
- soit à **éliminer les micro-organismes** par la chaleur : stérilisation à 100 °C ou à ultra-haute température (UHT) ;
- soit à **freiner leur développement** par le froid (congélation, réfrigération), en les déshydratant (séchage, lyophilisation), en les emballant sous vide ou sous atmosphère modifiée (riche en $N_2$ ou en $CO_2$), en les plongeant dans le vinaigre ou une marinade par exemple pour modifier le pH, en ajoutant des additifs alimentaires (sel, conservateurs, acidifiants, etc.).

# 24 Conservation des aliments, santé et appétence alimentaire

La conservation des aliments a pour but de reculer leur date de péremption, tout en préservant leur comestibilité et leurs qualités nutritives et gustatives. Cependant, certaines techniques de conservation peuvent modifier ces qualités et influencer ainsi l'attirance (ou appétence) des consommateurs.

## I Techniques de conservation, comestibilité et appétence des aliments

- La **stérilisation** permet une destruction totale des micro-organismes d'où une durée de conservation de 1 à 4 ans selon les aliments **(doc. 1)**. Ce procédé garantit la qualité des aliments avec cependant des modifications qui peuvent jouer sur son appétence : altération des couleurs, perte du croquant et légère perte de vitamines. La stérilisation UHT assure une meilleure conservation des vitamines et des qualités gustatives des aliments.

- La **pasteurisation** permet la destruction des micro-organismes pathogènes, mais pas celle des spores ou de certaines bactéries. La durée de conservation est courte (environ 14 jours au réfrigérateur), mais le goût des aliments est moins altéré que dans les conserves.

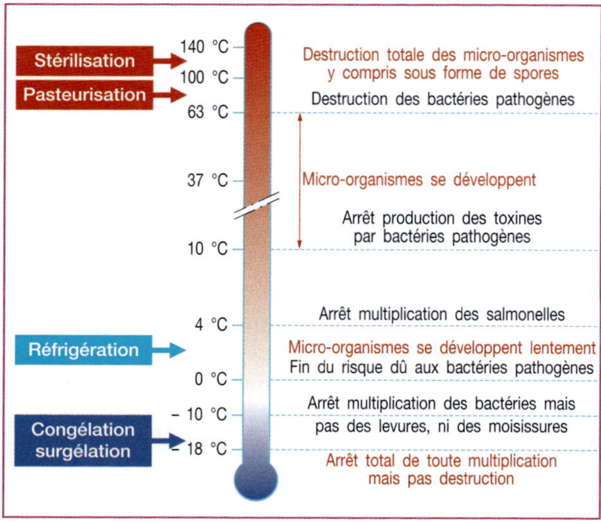


**Doc. 1.** **Températures et conservation des aliments.**

■ La **réfrigération** (entre 0 °C et 4 °C) bloque le développement des micro-organismes pathogènes sans les tuer et assure donc une conservation à court terme (3 jours à 3 semaines) sans altération des qualités des aliments. Certaines bactéries se développant à des températures proches de 0 °C, un réfrigérateur doit donc être nettoyé régulièrement pour éviter toute contamination.

■ La **congélation** (à –18 °C) et la **surgélation** (congélation ultrarapide) n'assurent pas une destruction des micro-organismes, il faut donc veiller à ne pas rompre la « chaîne du froid », sinon le développement des micro-organismes reprend dès que l'aliment se retrouve à une température plus élevée. La durée de conservation est importante (plusieurs mois) et les qualités des aliments bien préservées.

## II Conservation des aliments et santé du consommateur

■ La **date limite de consommation** (DLC) est la mention « *À consommer jusqu'au* … » indiquée sur tous les produits frais pré-emballés (charcuteries, viandes, produits laitiers…), périssables après une courte période et susceptibles de présenter un danger pour la santé après cette date.

■ La **date limite d'utilisation optimale** (DLUO) figure sur tous les produits d'épicerie, les conserves, les boissons et les produits surgelés avec la mention « *À consommer de préférence le ou avant fin…* ».

> Un produit dont la **DLUO** est dépassée n'est pas pour autant périmé. La qualité organoleptique (moins de goût, plus mou…) et/ou diététique de l'aliment n'est pas garantie. Le produit reste consommable s'il a été stocké selon les indications du fabricant.

■ Les **additifs alimentaires** sont des substances chimiques ajoutées aux aliments soit pour assurer leur meilleure conservation (conservateurs), soit pour compenser les pertes de qualité liées aux procédés de conservation (colorants, arômes, exhausteurs de goût, etc.).

■ Chaque additif est désigné par un code composé d'une lettre indiquant sa provenance (E pour la Communauté européenne) suivie de trois chiffres indiquant sa nature : série des E100 pour les colorants, des E200 pour les conservateurs, des E600 pour les exhausteurs.

■ Même s'ils sont utilisés en petites quantités, les additifs sont réglementés afin de prévenir leurs effets néfastes sur la santé : certains sont allergènes et/ou cancérigènes, d'autres peuvent provoquer des irritations du tube digestif ou des ralentissements de la digestion. Leur présence doit obligatoirement être mentionnée sur les étiquettes des produits concernés.

# 25 Conservation des aliments

La conservation des aliments implique des facteurs biotiques (bactéries, levures...), mais également des facteurs abiotiques (lumière, dioxygène, rayonnements...). Ces derniers participent tout autant à l'altération de la qualité des aliments.

## I Altération des aliments

- **Exposés à l'air libre**, certains fruits et légumes brunissent, les graisses rancissent, ce qui leur donne un aspect, une odeur et un goût désagréables : ces **aliments s'oxydent**. L'oxydation est une altération due au dioxygène de l'air. La lumière (surtout les UV), la chaleur, la présence de certains métaux (fer, cuivre, etc.), de certaines enzymes sont des facteurs qui initient ou favorisent le processus d'oxydation.

L'**oxydation** est une transformation chimique. C'est une transformation de la matière au cours de laquelle des espèces chimiques disparaissent (les réactifs) et d'autres se forment (les produits).

- Lorsque les molécules oxydables sont exposées à l'air et à la lumière, elles peuvent former des **radicaux libres**, molécules instables et très réactives. Ces radicaux libres réagissent avec les molécules organiques voisines et les dégradent en produisant, à nouveau, d'autres radicaux libres. Cette réaction en chaîne de l'oxydation se retrouve notamment dans le rancissement des huiles et des graisses.

- Pour limiter ou stopper l'oxydation des aliments, l'industriel de l'agroalimentaire ou le particulier dispose de différentes techniques de conservation : par le froid (réfrigération, congélation) ; par la chaleur (blanchiment, stérilisation thermique) ; par élimination de l'eau (séchage, lyophilisation) ; par limitation de la quantité de dioxygène (emballage sous vide ou sous atmosphère modifiée de diazote et de dioxyde de carbone) ; par utilisation de hautes pressions (pascalisation) – ou celle d'additifs alimentaires (acidifiants, antioxydants), etc. Un couplage de ces techniques permet d'augmenter d'autant la durée de conservation des denrées.

## II Antioxydants et conservation des aliments

- Certaines espèces chimiques retardent l'oxydation soit en diminuant la formation des radicaux libres, soit en réagissant directement avec eux pour former des composés plus stables. Ces substances chimiques sont appelées **antioxydants**. Ils font partie des **additifs alimentaires** dont l'utilisation est réglementée par une directive européenne (codes de E300 à E321).

- L'industrie agroalimentaire utilise des antioxydants naturels, comme la vitamine C contenue dans les agrumes ou la vitamine E que l'on trouve dans les huiles végétales (de blé, de tournesol, etc.) ou des antioxydants de synthèse (ascorbate de sodium ou de calcium, BHA, etc.).

## III Changements d'état et conservation des aliments

- La matière peut se rencontrer sous trois **états physiques** : solide, liquide et gazeux. Le passage d'un état physique à un autre correspond à un changement d'état **(doc. 1)**.

> Un **changement d'état** est une transformation physique ; celle-ci ne modifie pas la nature chimique de la matière.

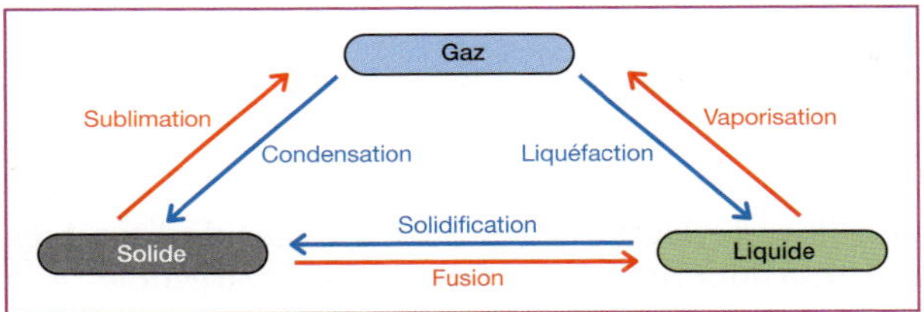


**Doc. 1. États et changements d'état de la matière.**

- Les techniques courantes de conservation de la nourriture reposent très fréquemment sur des **changements d'état**, soit directement au sein de l'aliment, soit dans le dispositif technique utilisé (autoclave, réfrigérateur, lyophilisateur, etc.).
- La **stérilisation** par chauffage en autoclave, par exemple, permet d'éliminer tous les micro-organismes et d'inactiver certaines enzymes, sous pression de vapeur, à une température de 100 °C, de 130 °C, voire de 150 °C (stérilisation UHT du lait).
- La **réfrigération** est une technique qui ralentit la dégradation des aliments, en limitant le développement des micro-organismes et en freinant les réactions enzymatiques. L'aliment stocké à une température basse (quelques degrés Celsius), mais positive, se conserve à court ou moyen terme.
- La **congélation** consiste à abaisser, puis à maintenir la température, au cœur des aliments, à –18 °C. Cela provoque une cristallisation de l'eau contenue dans les aliments. Leur durée de conservation est alors bien supérieure à celle que permet la réfrigération.
- Pour **lyophiliser** un aliment, on doit tout d'abord le congeler afin de solidifier l'eau ; ensuite, sous vide, la glace se sublime directement en vapeur d'eau. On récupère alors cette vapeur d'eau et l'on sèche l'aliment, à froid. Le café soluble, certains potages instantanés, mettent en œuvre cette technique.

# 26 Se nourrir au quotidien : exemple des émulsions

Les émulsions font partie de notre alimentation quotidienne : la mayonnaise en est un bel exemple. Pour la préparer, deux éléments sont essentiels : le jaune d'œuf (constitué d'eau, de protéines, de lipides...) et l'huile. La compréhension de la stabilité de cette préparation se trouve au niveau moléculaire.

## I L'eau : une molécule remarquable

■ Une molécule d'eau est constituée d'un atome d'oxygène O, lié à deux atomes d'hydrogène H **(doc. 1)**. L'atome d'oxygène est légèrement négatif et chaque atome d'hydrogène est, à l'inverse, légèrement positif ; la molécule d'eau, bien que globalement neutre, sera donc **polaire**, du fait à la fois de sa géométrie et de la charge inégale de ses atomes.

■ Il en résulte une attirance électrostatique entre les molécules qui vont pouvoir établir entre elles des **ponts hydrogène**. Cette forte association intermoléculaire est, par exemple, responsable de la température d'ébullition « anormalement élevée » de l'eau au regard de sa petite « taille » (100 °C pour l'eau contre –182 °C pour le dioxygène).

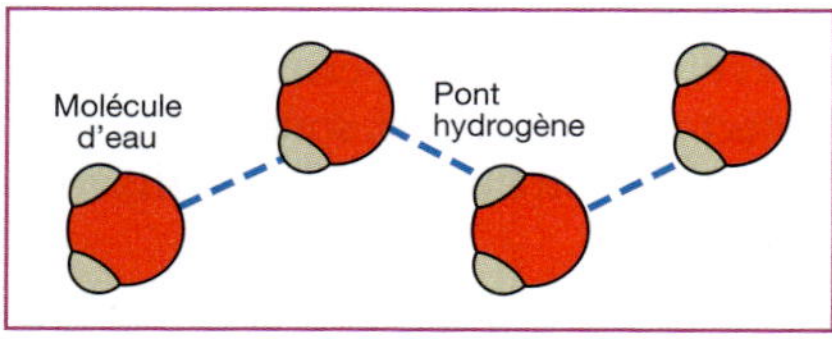


**Doc. 1. Molécules d'eau et ponts hydrogène.**

## II L'huile

L'huile (d'arachide, d'olive...) et les matières grasses alimentaires, comme le beurre, sont constituées principalement de lipides. La majorité des lipides alimentaires sont des triglycérides : associations d'un glycérol et de trois acides gras.

Les **triglycérides** constituent la majeure partie des graisses et des huiles alimentaires, mais aussi des lipides de l'organisme stockés dans le tissu adipeux.

## III Formation de l'émulsion « mayonnaise »

■ Le mélange eau-huile aboutit à deux couches bien distinctes : l'eau et l'huile ne sont pas **miscibles**. Cela vient du fait que les lipides n'ont pas la possibilité d'établir avec l'eau des ponts hydrogène et n'ont pas non plus de caractère polaire marqué.

Toutefois, par mixage, des gouttelettes d'huile restent en suspension dans l'eau : on dit que l'on a une **émulsion instable**. Pour stabiliser ce mélange, il va falloir rajouter des éléments « entremetteurs » : des composés tensioactifs appelés aussi émulsifiants.

Les **tensioactifs** ont pour effet de modifier la tension de surface – ou tension superficielle – entre deux phases non miscibles pour améliorer leur compatibilité.

Le jaune d'œuf de la mayonnaise apporte ces composés tensioactifs sous la forme de protéines et surtout de lécithines. Ces composés possèdent une partie **hydrophile** (attirée par l'eau) et une partie lipophile, donc **hydrophobe** (repoussant l'eau). Ensemble - et en opposition complémentaire - ces affinités favorisent l'association de l'huile et de l'eau.

L'action de battre la mayonnaise a pour principe, d'une part de disperser l'huile en fines gouttelettes dans l'eau, mais également de permettre à la partie lipophile des agents tensioactifs d'entourer et d'emprisonner les gouttelettes d'huile. Il se forme ainsi des **micelles**, petits agrégats de tensioactifs **(doc. 2)**, qui empêchent l'huile d'entrer en contact direct avec l'eau. Ces micelles se repoussent entre elles et leur partie hydrophile établit des ponts hydrogène avec l'eau, empêchant la formation de micelles plus grosses : on obtient ainsi la stabilisation de l'émulsion.

Ce pouvoir émulsifiant de l'œuf fait qu'il est utilisé dans de nombreuses préparations culinaires, telles les crèmes glacées, les sauces ou encore les crèmes au chocolat.

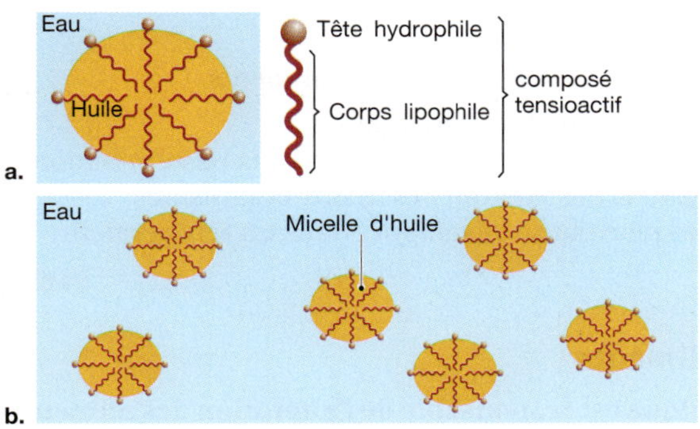


**Doc. 2. Formation de micelles.**
**a.** Gouttelette d'huile entourée de composés tensioactifs = une micelle.
**b.** La mayonnaise est un ensemble de micelles d'huile entourées d'eau.

# Quiz express

Vérifiez que vous avez bien retenu les points clés des **fiches 23 à 26**.

## Biologie des micro-organismes et conservation des aliments

**1 Les micro-organismes qui dégradent les aliments :**

- ☐ **a.** sont toujours apportés par l'environnement.
- ☐ **b.** sont uniquement des bactéries.
- ☐ **c.** sont toujours pathogènes.
- ☐ **d.** peuvent déclencher des toxi-infections.

**2 Les micro-organismes :**

- ☐ **a.** se développent tous en présence d'$O_2$.
- ☐ **b.** peuvent se développer sans $O_2$.
- ☐ **c.** ne se développent pas en milieu acide.
- ☐ **d.** se développent plus lorsque l'eau libre est importante.

FICHE 23

## Conservation des aliments, santé et appétence alimentaire

**3 Les additifs alimentaires :**

- ☐ **a.** ont uniquement pour rôle d'assurer une meilleure conservation des aliments.
- ☐ **b.** n'ont aucun effet néfaste sur la santé.
- ☐ **c.** sont des substances chimiques ajoutées aux aliments.

**4 Température et conservation des aliments**

- ☐ **a.** Toute forme de micro-organisme est détruite par la pasteurisation.
- ☐ **b.** La surgélation assure la destruction des micro-organismes.
- ☐ **c.** Certaines bactéries peuvent se développer dans un réfrigérateur.

FICHE 24

## Conservation des aliments

**5 Quelle espèce chimique est responsable de l'altération des aliments ?**

- ☐ **a.** le diazote
- ☐ **b.** le dioxyde de carbone
- ☐ **c.** l'antioxydant
- ☐ **d.** le dioxygène

**6 Donner les facteurs qui accélèrent ou qui favorisent l'altération des aliments :**

☐ **a.** la lumière
☐ **b.** le froid
☐ **c.** la présence de certaines enzymes
☐ **d.** la présence d'antioxydants

**7 Retrouver le nom de chaque changement d'état :**

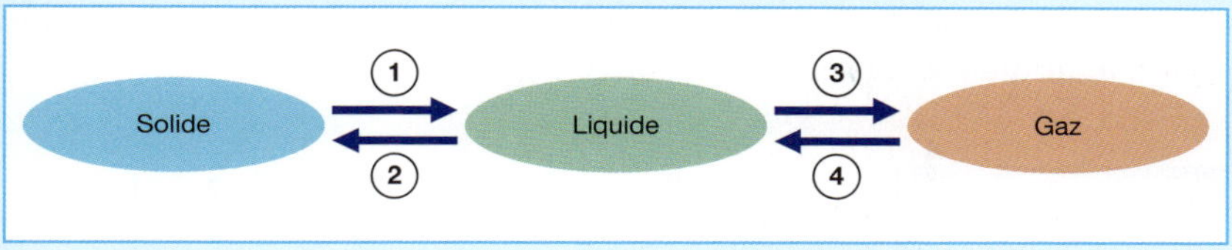


☐ **1.** Changement d'état ①
☐ **2.** Changement d'état ②
☐ **3.** Changement d'état ③
☐ **4.** Changement d'état ④

☐ **a.** Liquéfaction
☐ **b.** Fusion
☐ **c.** Solidification
☐ **d.** Vaporisation

FICHE 25

## Se nourrir au quotidien : exemple des émulsions

**8 Le schéma ci-dessous représente un composé tensioactif. Celui-ci comporte deux parties. Quels sont les noms de ces deux parties ?**

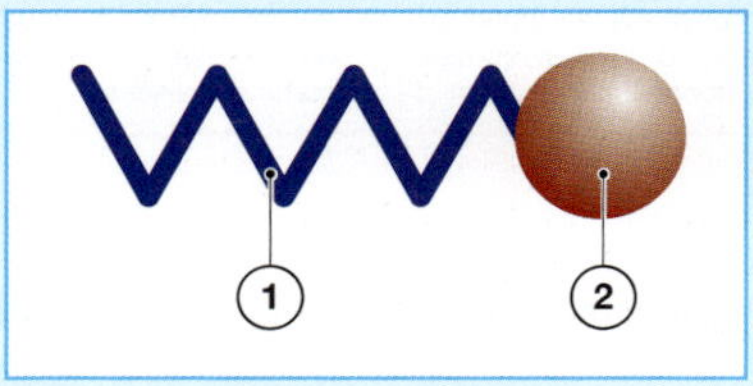


☐ **a.** ① partie hydrophile, ② partie hydrophobe
☐ **b.** ① partie lipophile, ② partie hydrophile
☐ **c.** ① partie hydrophile, ② partie lipophile
☐ **d.** ① partie hydrophobe, ② partie hydrophile

FICHE 26

**RÉPONSES**

1. d • 2. b et d • 3. c • 4. c • 5. d • 6. a et c • 7. 1b - 2c - 3d - 4a • 8. b et d

# SUJET 21 | Aliments et micro-organismes

DURÉE 30 MIN

→ **Fiche 23** Biologie des micro-organismes et conservation des aliments
→ **Fiche 25** Conservation des aliments

Monsieur B., 70 ans, se demande s'il est prudent de consommer un reste de mortadelle entamé, dont la date limite de consommation est dépassée depuis 1 jour, mais qui est conservé dans son réfrigérateur.

## DOCUMENT 1 Étiquette alimentaire de la mortadelle achetée par Monsieur B.

**MORTADELLE PUR PORC ITALIEN**
**AVEC BOYAU NATUREL**

**Ingrédients**
Viande de porc italien, sel, épices ; antioxydant : ascorbate de sodium ; conservateur : nitrite de sodium.

**Processus de production**
La viande de porc est hachée grossièrement puis passée au hachoir jusqu'à atteindre un grain inférieur à 0,9 mm. Sont ensuite ajoutés l'assaisonnement et les additifs. Le mélange est mis en boyau et les mortadelles sont introduites dans des chambres de cuisson à air chaud. La mortadelle est cuite lorsque la température à cœur dépasse les 70 °C. Une fois refroidies à 10 °C, les mortadelles sont stockées dans des chambres à température contrôlée puis conditionnées avant d'être commercialisées.

PRIX A PAYER
123456789012
POIDS NET
500 g
Produit élaboré en France
PRIX AU KG
F 00.000.000 CFE
56100 LORIENT

## DOCUMENT 2 Informations concernant la bactérie *Listeria*

**a.** La listériose, une grave infection.

La *Listeria* est une bactérie très répandue dans les sols, les végétaux et les animaux, et elle peut proliférer dans de nombreux aliments (viandes crues, charcuteries, fruits de mer, lait cru, fruits et légumes mal lavés...). En consommant des denrées fortement contaminées, l'Homme peut contracter une listériose, infection qui, chez les personnes vulnérables, peut provoquer des septicémies, des méningites ou des encéphalites, mortelles dans presque un cas sur trois.

D'après un article de B. Salthun-Lassalle, www.pourlascience.fr, 2 février 2011.

**b.** Cas groupés de listériose, France, septembre 2002 - janvier 2003.

Huit cas groupés de listériose dus à des souches de *Listeria monocytogenes* identiques ont été identifiés par le Centre national de référence (CNR) [...]. Ces huit cas sont survenus entre début septembre 2002 et début janvier 2003... Une souche de *Listeria monocytogenes* ayant les mêmes caractéristiques [...] que celle des patients a été isolée dans une mortadelle prélevée dans le réfrigérateur d'un patient (mortadelle italienne conditionnée en tranches, entamée et périmée depuis 13 jours, contamination élevée : 360 000 *Listeria monocytogenes*/g). [...] La même souche de *Listeria* a été isolée secondairement d'un autre prélèvement réalisé dans un paquet non entamé de mortadelle conditionnée en tranches, du même producteur italien. Le prélèvement a été réalisé 6 semaines avant la date limite de consommation et la contamination était faible : < 10 *Listeria monocytogenes*/g. [...] Le producteur italien, informé par son distributeur français de ce résultat, a décidé, de sa propre initiative, d'effectuer un retrait des mortadelles distribuées en France. [...]

Extrait du site de l'Institut national de veille sanitaire (InVS), www.invs.sante.fr.

## DOCUMENT 3 Personnes vulnérables et quelques conseils pour se protéger contre la listériose

Même si elle est assez commune, la bactérie *Listeria* peut avoir des effets graves chez les personnes dont le système immunitaire est affaibli. La prévention repose sur un respect strict de l'hygiène.

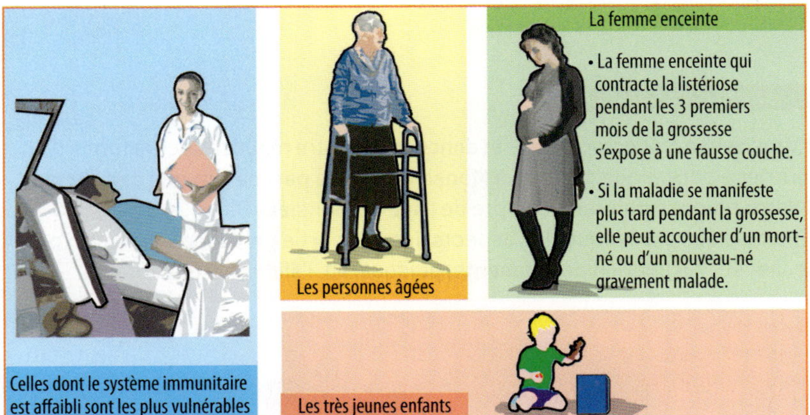


**a.** Les personnes les plus vulnérables.

Respectez les dates limites de consommation.

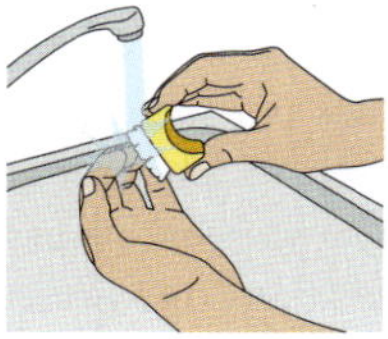

Lavez-vous les mains avant, pendant et après la manipulation de tous les types d'aliments.

Faire cuire de part en part ou bouillir les aliments, comme la volaille.

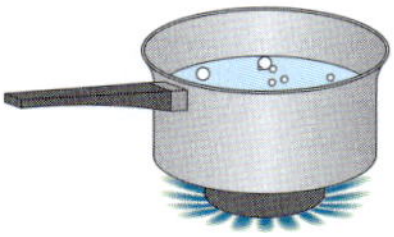

N'utilisez pas les mêmes ustensiles pour cuisiner des aliments différents.

**b.** Quelques conseils pour se protéger.

**Bien qu'ayant vu sur l'étiquette du produit que la mortadelle a été cuite à 70 °C et qu'à cette température toutes les bactéries pathogènes sont détruites, Monsieur B. demande conseil par courrier électronique à un ami diététicien afin de savoir s'il peut consommer cette charcuterie.**

**Rédiger la réponse du diététicien à Monsieur B. dans laquelle vous argumenterez sur les risques éventuels de consommer cette mortadelle.**

**Développer votre argumentation en vous appuyant sur les documents et votre culture qui intègre entre autres les connaissances acquises dans les différents champs disciplinaires.**

## DÉMARRONS ENSEMBLE

- Vous devez respecter le sujet et donc rédiger votre réponse sous la forme d'un courrier électronique adressé à Monsieur B. de la part de son ami diététicien.
- Votre réponse doit tenir compte de l'âge de Monsieur B.
- Pensez aussi à évoquer les aspects liés à la partie physique-chimie, en particulier sur l'oxydation des aliments, puisque, ici, l'aliment a été entamé.

## CORRIGÉ

Mon cher ami,

Suite à la question posée dans ton courriel, je voudrais te mettre en garde et te conseiller de ne pas consommer cette mortadelle et cela pour plusieurs raisons :

– Premièrement, cette mortadelle a été entamée. Elle n'est donc plus protégée par son emballage qui la maintenait dans une atmosphère privée de dioxygène, même si lors de sa fabrication, un antioxydant (l'ascorbate de sodium) a été ajouté pour éviter à l'aliment de trop s'oxyder. L'**oxydation** a donc démarré progressivement, or c'est la principale source de dégradation des aliments.

La **mortadelle** possède aussi un conservateur, le nitrite de sodium (ou E250), autorisé en France sous conditions. Son rôle est de limiter le développement des micro-organismes.

– Deuxièmement, si, lors de la fabrication de la mortadelle, celle-ci a été cuite à 70 °C, éliminant effectivement les bactéries pathogènes, une **contamination** est toujours possible ensuite dès lors que celle-ci n'est plus protégée par son emballage. Cette contamination est toujours possible par les mains, si celles-ci n'ont pas été lavées correctement avant de toucher l'aliment, ou par un ustensile de cuisine utilisé pour un autre aliment. Ce qui veut donc dire que ta mortadelle a peut-être été contaminée par une bactérie *Listeria monocytogenes.*

En effet, cette bactérie très répandue dans les sols, les végétaux et les animaux, peut proliférer dans de nombreux aliments et en particulier dans les charcuteries. J'ai d'ailleurs vu sur le site de l'Institut national de veille sanitaire qu'en France, fin 2002 - début janvier 2003, de la mortadelle italienne entamée et périmée depuis 13 jours avait un taux très élevé de *Listeria monocytogenes* alors qu'elle avait été conservée dans un réfrigérateur. Or, un paquet non entamé de mortadelle, du même producteur, 6 semaines avant la date limite de consommation, avait un taux de contamination très faible : $< 10$ *Listeria monocytogenes*/g. Ceci te montre à quel point il faut **respecter** les dates limites de consommation !

En consommant des aliments fortement contaminés, tu peux contracter une **listériose**, infection qui, chez les personnes vulnérables peut provoquer des septicémies, des méningites ou des encéphalites, mortelles dans presque un cas sur trois. Or, à ton âge, tu fais partie des personnes vulnérables !

Pour toutes ces raisons, je te **déconseille** donc fortement de ne pas consommer cette mortadelle, même si sa date limite de consommation n'est dépassée que d'un seul jour ! Je ne voudrais pas que tu sois victime d'une listériose dont les conséquences peuvent être très graves !

# SUJET 22 | La conservation des aliments

DURÉE 30 MIN

→ **Fiche 24** Conservation des aliments, santé et appétence alimentaire
→ **Fiche 25** Conservation des aliments

Pour sa participation à une fête de quartier, Mme S. décide de préparer plusieurs plats incorporant des conserves de thon qu'elle a elle-même réalisées dans un stérilisateur de type lessiveuse de sa grand-mère. Les voisins de Mme S. sont épatés par ses talents culinaires. Cependant, le lendemain, certains d'entre eux se plaignent de troubles digestifs (douleurs abdominales, nausées et vomissements).

## DOCUMENT 1 Informations sur *Clostidium botulinum*, agent pathogène responsable du botulisme

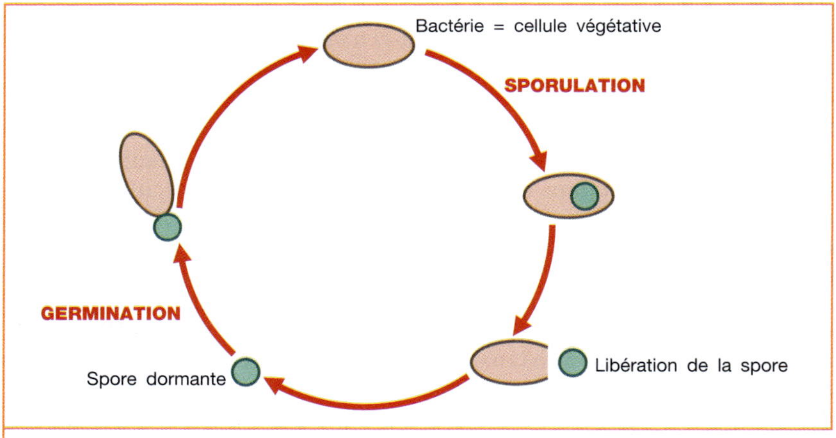


**a.** Cycle de sporulation/germination de *Clostridium botulinum.*

Le botulisme est une maladie paralytique rare, mais grave (paralysie locomotrice et respiratoire) due à une toxine bactérienne produite par des espèces de bactéries du genre Clostridium dont *Clostridium botulinum*. Cette intoxication résulte de l'ingestion d'aliments contaminés par des spores de *Clostridium botulinum* qui ont germé et ont produit de la toxine botulique. Quand les conditions de température, humidité, nourriture deviennent défavorables, cette bactérie se transforme en spore (sporulation). Les conditions redevenant meilleures, la spore germe (germination) pour redonner une bactérie qui est la cellule végétative.

| **La spore est une forme de survie de la bactérie qui :** | **La cellule végétative est la forme sous laquelle la bactérie *Clostridium botulinum* :** |
|---|---|
| – ne se nourrit pas,<br>– est incapable de se multiplier,<br>– est incapable de produire des toxines,<br>– résiste à la sécheresse,<br>– survit jusqu'à 110 °C,<br>– se forme entre 15 °C et 41 °C,<br>– survit davantage en milieu huileux. | – se multiplie (entre 30 °C et 37 °C),<br>– synthétise des toxines*,<br>– apparaît par germination de la spore entre 10 °C et 37 °C,<br>– est détruite à partir de 65 °C. |
| * Remarque : les toxines bactériennes sont détruites si elles sont portées vers 90 °C, pendant 3 à 10 minutes. | |

**b.** Caractéristiques de *Clostridium botulinum*.

## DOCUMENT 2 Graphique montrant la variation de la température d'ébullition de l'eau en fonction de la pression

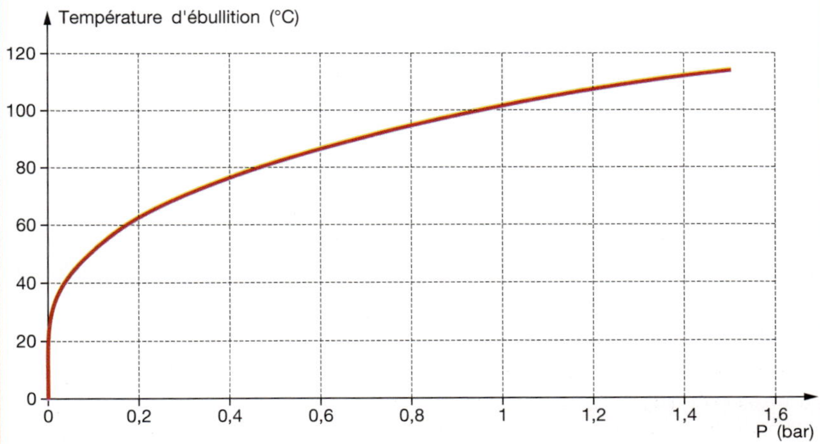

## DOCUMENT 3 Comparaison des processus de stérilisation en lessiveuse et en autoclave

| Type de stérilisateur | Stérilisateur de type lessiveuse | Autoclave |
|---|---|---|
| |  |  |
| **Capacité** | 28 à 87 L | à partir de 20 L |
| **Pression atmosphérique**<br>à l'intérieur du récipient<br>lors du chauffage | 1,013 bar | 1,4 à 1,7 bar |

Inquiète d'être à l'origine de l'intoxication alimentaire de ses voisins, Mme S. décide de participer à un forum sur un site Internet. Les personnes qui lui répondent, toutes adeptes de conserves faites avec le même type de stérilisateur que le sien, lui disent qu'à partir du moment où les conserves ont été chauffées à plus de 80 °C, les toxines bactériennes ont été détruites et donc que sa conserve de thon n'est pas responsable de cette intoxication.

**En tant qu'élève de première, et grâce aux connaissances acquises en enseignement scientifique, vous décidez de donner votre avis sur ce forum afin de convaincre les adeptes des conserves réalisées chez soi de prendre davantage de précautions.**

**Développer votre argumentation en vous appuyant sur les documents et vos connaissances acquises dans les différents champs disciplinaires.**

### DÉMARRONS ENSEMBLE

- Vous devez respecter le sujet et donc rédiger votre réponse sous la forme d'un message sur un forum d'un site Internet.
- Pensez aussi à évoquer les aspects liés à la partie physique-chimie, en particulier sur les deux techniques de conservation des aliments présentées dans le document 3 que vous mettrez en relation avec le document 2.

## CORRIGÉ

Bonjour à tous,

Élève en classe de première, je me permets d'intervenir sur votre forum, suite au cours que j'ai eu en enseignement scientifique sur la conservation des aliments, pour vous mettre en garde contre les idées reçues en matière de stérilisation !

En effet, certains aliments peuvent renfermer la bactérie *Clostridium botulinum*. Celle-ci produit une toxine paralysante, responsable d'une maladie rare, mais grave : le botulisme. Dans certaines conditions, ces bactéries peuvent libérer des spores. Celles-ci, en germant, donnent de nouvelles bactéries capables de sécréter la toxine botulique. Ces spores résistent jusqu'à des températures de 110 °C. Ce sont donc les spores qui sont dangereuses, et la stérilisation doit les détruire pour assurer une bonne conservation des aliments.

Le « botox » utilisé en dermatologie esthétique n'est autre que de la **toxine botulique**. La dose injectée est 3 000 fois inférieure au seuil considéré dangereux pour l'Homme.

Des études montrent que la température d'ébullition de l'eau augmente lorsque la pression s'élève. Vous êtes nombreux à utiliser un stérilisateur, de type lessiveuse : ce type de matériel où la pression interne ne dépasse guère 1 bar, ne permet pas de chauffer l'eau à plus de 100 °C. Cette température est insuffisante pour détruire les spores. En revanche, à l'intérieur d'un autoclave, la pression augmente et dépasse les 1,4 bar, l'eau peut atteindre des températures supérieures à 110 °C : les spores sont alors détruites.

Il faut donc se méfier des idées reçues ! Stériliser à plus de 80 °C n'est pas toujours suffisant ! Une stérilisation à une température supérieure à 110 °C est la seule qui garantisse la destruction de toutes les formes de vie et donc la bonne conservation des aliments. Par ailleurs, la durée de stérilisation et le nettoyage des bocaux restent indispensables à la réussite de vos conserves.

Votre conserve de thon pourrait donc bien être à l'origine de cette intoxication alimentaire. Par précaution, il faudrait inciter vos voisins à consulter rapidement un médecin, car le botulisme peut être une maladie grave.

Mais, il est aussi possible que cette intoxication ne soit pas liée à la mauvaise conservation d'un aliment, car d'autres sources de contamination peuvent exister comme la manipulation d'un aliment avec des mains mal lavées ou avec un ustensile de cuisine contaminé au contact d'un autre aliment.

# SUJET 23 | Des asperges à la mayonnaise

DURÉE 25 MIN

→ **Fiche 25** Conservation des aliments
→ **Fiche 26** Se nourrir au quotidien : exemple des émulsions

On est au printemps et l'on souhaite congeler des asperges que l'on pourra consommer, l'automne venu, avec de la mayonnaise.

## DOCUMENT 1 La conservation

La congélation est la méthode la plus simple pour conserver un grand nombre de légumes (haricots verts, petits pois, carottes, choux-fleurs, aubergines, tomates, courgettes, épinards…) tout en préservant leur goût et leurs qualités nutritionnelles. Elle nécessite des températures basses, inférieures à –24 °C.
Les légumes que vous souhaitez congeler doivent être frais (l'idéal est de les congeler aussitôt après la récolte) et sains (retirer les légumes légèrement abîmés ou blessés). Épluchez-les puis lavez-les avant de les blanchir par petites quantités pendant quelques minutes dans l'eau bouillante. Ils garderont ainsi leur fermeté, leur goût et leur couleur. Égouttez et séchez vos légumes avant de les congeler.

Extrait de la fiche *La Conservation des légumes du jardin*, http://www.semencemag.fr.

## DOCUMENT 2 Le mélange d'eau et d'huile

Vous prenez un bol où vous versez de l'huile puis de l'eau : deux phases se séparent, l'eau, plus lourde, en dessous, et l'huile, plus légère, au-dessus. Vous fouettez : quelques gouttes d'eau entrent dans l'huile, quelques gouttes d'huile vont dans l'eau, mais dès que l'agitation cesse, les gouttes d'huile remontent et les gouttes d'eau redescendent. Les deux phases se séparent à nouveau.
Par quel miracle, l'eau du jaune d'œuf (environ la moitié du jaune) et l'huile restent-elles mélangées dans la mayonnaise ?

Hervé This, *Les Secrets de la casserole,* Éditions Belin, 2008.

## DOCUMENT 3 Micelle d'huile dans de l'eau

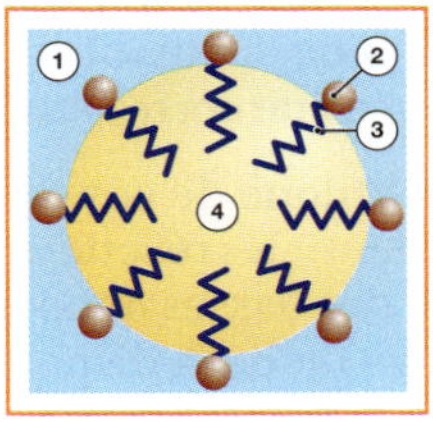


**1.** Au cours de la congélation, que devient l'eau présente dans les aliments ? Comment nomme-t-on le changement d'état qui a lieu ?

**2.** Pourquoi dit-on que la congélation favorise la conservation des aliments ?

**3.** À quelle catégorie d'aliments l'huile appartient-elle ?

**4.** Donner la définition d'une émulsion.

**5.** Pour réaliser une émulsion stable de type mayonnaise, il nous faut trois ingrédients indispensables : l'huile, l'eau et la lécithine présente dans le jaune d'œuf. À quelle famille de composés la lécithine appartient-elle ?

**a.** les acides
**b.** les antioxydants
**c.** les tensioactifs
**d.** les composés colorés

**6.** Choisir la bonne légende pour le schéma du document 3 :

**a.** ① = eau ; ② = tête lipophile ; ③ = corps lipophobe ; ④ = huile
**b.** ① = eau ; ② = tête hydrophobe ; ③ = corps lipophobe ; ④ = huile
**c.** ① = eau ; ② = tête hydrophile ; ③ = corps lipophile ; ④ = huile

### DÉMARRONS ENSEMBLE

**1.** Vous devez donner les états de l'eau avant et après la congélation, puis nommer la transformation physique.

**2.** Utilisez vos connaissances sur les techniques de conservation des aliments.

**3.** L'huile, le beurre, les autres matières grasses alimentaires appartiennent à cette catégorie de constituants des aliments.

**4.** Appuyez-vous sur les informations du document 2 et sur vos connaissances.

**5.** Une émulsion n'est stable que si l'on ajoute cet élément « entremetteur ».

**6.** L'élément entremetteur comporte une partie qui « aime l'eau » et une partie qui ne « l'aime pas ».

## CORRIGÉ

**1.** La congélation est une technique qui consiste à abaisser la température d'un aliment et à la maintenir à –18 °C, voire bien en dessous. L'eau contenue dans les aliments passe donc de l'état liquide – pour un aliment à température ambiante – à l'état solide. Ce changement d'état correspond à la solidification de l'eau.

**2.** La congélation est une technique de conservation des aliments car elle **empêche ou ralentit** les réactions d'altération en conjuguant deux effets : celui des basses températures et celui de la baisse d'activité de l'eau – ou de la disponibilité de l'eau. Le développement microbien est alors stoppé, et les réactions enzymatiques sont ralenties.

L'**altération** des aliments prend plusieurs formes :
- chimique (oxydation des lipides) ;
- enzymatique (brunissement) ;
- microbiologique (développement microbien).
→ fiche 25

**3.** L'huile est constituée principalement de **lipides**. Ces molécules se caractérisent par leur insolubilité dans l'eau.

**4.** Une émulsion est une **dispersion d'un liquide** (l'huile du document 2) dans **un autre liquide** (l'eau) avec lequel il ne se mélange pas. Les deux liquides ne sont **pas miscibles** : lors du mélange « les deux phases se séparent ».

**5.** La proposition convenable est la réponse **c**. Pour stabiliser l'émulsion d'eau et d'huile, il faut ajouter des éléments « entremetteurs » : les tensioactifs. Les lécithines du jaune d'œuf vont jouer ce rôle. L'émulsion stabilisée s'appelle la mayonnaise.

Les **tensioactifs** présentent une double affinité : l'une pour l'eau du fait de leur partie hydrophile – « qui aime l'eau » – l'autre pour l'huile due à leur partie hydrophobe – « qui n'aime pas l'eau ». La partie hydrophile est lipophobe et *vice versa*.

**6.** La réponse **c** est la seule correcte. L'action de fouetter la mayonnaise va disperser de fines gouttelettes d'huile (④) dans l'eau (①). Les lécithines (agents tensioactifs) comportent deux parties antagonistes : une tête hydrophile (②) et un corps lipophile (③). Les parties lipophiles des tensioactifs vont « enrober » la gouttelette d'huile pour former une **micelle** qui empêche l'huile d'entrer directement en contact avec l'eau. L'émulsion est stabilisée.

FÉMININ / MASCULIN

# Prendre en charge sa vie sexuelle de façon conjointe et responsable

Un couple : deux partenaires impliqués dans la prise en charge de leur vie sexuelle.

## FICHES



## BILAN



## SUJETS CORRIGÉS

# 27 Hormones ovariennes et contrôle des fonctions de reproduction

Le fonctionnement de l'appareil génital chez la femme est cyclique ; il débute à la puberté et s'achève à la ménopause. Il se traduit par les règles (ou menstruations) qui marquent la fin d'un cycle et le début du suivant : on parle de cycle menstruel. Celui-ci, d'une durée moyenne de 28 jours, comprend une phase préovulatoire (ou folliculaire) et une phase post-ovulatoire (ou lutéale) séparées par l'ovulation.

## I Le cycle des hormones ovariennes

■ L'ovaire libère des hormones dans le sang : les œstrogènes (dont l'œstradiol) et la progestérone.

■ Ces hormones sont sécrétées de façon cyclique et on distingue **(doc. 1) :**

- une phase préovulatoire marquée par des concentrations croissantes d'œstrogènes ;
- un pic d'œstrogènes environ 48 heures avant l'ovulation ;
- une phase postovulatoire caractérisée par la sécrétion de progestérone surtout et d'un peu d'œstrogènes ;
- à la fin du cycle, les concentrations des deux hormones ovariennes s'effondrent.

Le tissu adipeux est nécessaire à la fabrication d'**œstrogènes**. Chez une femme qui a beaucoup maigri, il n'y a plus de production d'œstrogènes, ce qui entraîne l'arrêt des menstruations.

## II Relation entre structures ovariennes et cycle des hormones ovariennes

■ L'aspect cyclique de la sécrétion des œstrogènes et de la progestérone est la conséquence de l'évolution des structures ovariennes (follicules et corps jaune) qui fabriquent ces hormones **(doc. 1)**.

■ Pendant la **phase folliculaire**, la croissance d'un follicule cavitaire en follicule mûr provoque l'augmentation de la sécrétion d'œstrogènes jusqu'à l'obtention du pic d'œstradiol lorsque le follicule arrive à maturité.

■ Pendant la **phase lutéale** (ou **lutéinique**), après l'ovulation, le follicule transformé en corps jaune sécrète de la progestérone surtout et de l'œstradiol en moins grande quantité.

- En **fin de cycle**, la chute de la concentration des hormones ovariennes est due à la dégénérescence du corps jaune.

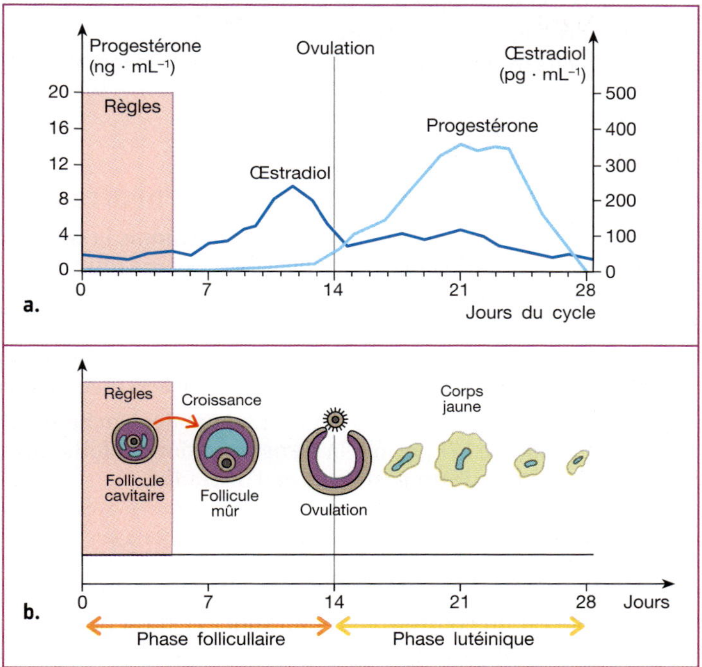


**Doc. 1. Synchronisme entre cycle ovarien et cycle des hormones ovariennes.**
**a.** Cycle des hormones ovariennes.
**b.** Cycle ovarien.

# 28 Hormones du complexe hypothalamo-hypophysaire

L'hypophyse est une petite glande située à la base du cerveau ; elle est reliée par voie sanguine et nerveuse à l'hypothalamus.
L'hypothalamus forme avec l'hypophyse un ensemble fonctionnel appelé complexe hypothalamo-hypophysaire.

## I L'action des hormones du complexe hypothalamo-hypophysaire sur les ovaires

- Les neurones de l'hypothalamus sécrètent une **hormone**, la **GnRH**, qui est conduite par voie sanguine jusqu'à l'hypophyse antérieure **(doc. 1)**. La GnRH stimule la libération de deux hormones hypophysaires : les gonadostimulines, **FSH** et **LH**.
- La **FSH** (*Follicle Stimulating Hormone*) permet la croissance des follicules et la sécrétion d'œstradiol par les cellules folliculaires lors de la phase folliculaire.
- Le **pic de LH** (*Luteinizing Hormone*), vers le 13e jour, déclenche l'**ovulation**. L'importante sécrétion de LH permet la transformation du follicule mûr en un corps jaune, sécréteur de progestérone et d'œstradiol.

## II Hormones ovariennes et rétrocontrôles sur le complexe hypothalamo-hypophysaire

- Un rétrocontrôle est un contrôle en retour **(doc. 1)**. Il est négatif quand la réponse des cellules cibles (ici les cellules ovariennes) diminue l'activité des cellules qui les commandent (celles du complexe hypothalamo-hypophysaire) et il est positif dans le cas contraire.
- En phase folliculaire, l'augmentation modérée de la concentration des œstrogènes entraîne une baisse de la concentration de FSH : c'est un **rétrocontrôle négatif**.
- Aux alentours du 12e jour du cycle, le follicule mûr sécrète une grande quantité d'œstrogènes (pic) qui déclenche par **rétrocontrôle positif** le pic de LH responsable de l'ovulation.

- En phase lutéale, sous l'action de la LH, le corps jaune sécrète de la progestérone et un peu d'œstrogènes, qui exercent ensemble un rétrocontrôle négatif sur le complexe hypothalamo-hypophysaire.
- Le corps jaune dégénère ensuite, levant le rétrocontrôle négatif exercé par les œstrogènes et la progestérone sur le complexe hypothalamo-hypophysaire, permettant ainsi le début d'un nouveau cycle.

Chez la femme, c'est l'alternance de **rétrocontrôles négatifs et positifs** qui est à l'origine du fonctionnement cyclique des ovaires.

- S'il y a fécondation, le corps jaune ne dégénère pas, il persiste et va sécréter de l'œstradiol et de la progestérone durant les deux premiers mois de la grossesse, permettant la poursuite de celle-ci.

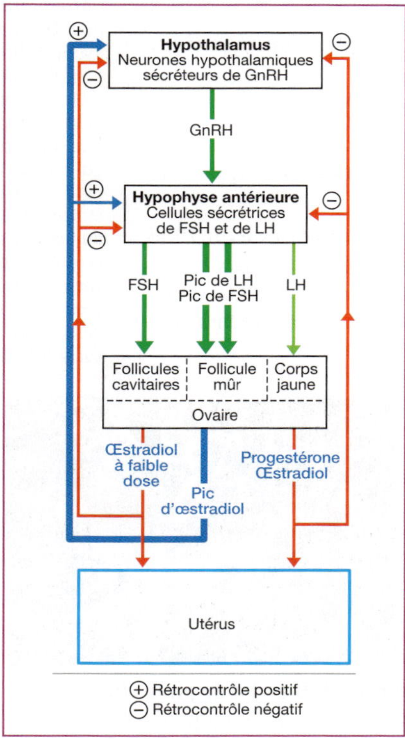


**Doc. 1. Régulation de la sécrétion des hormones ovariennes.**

# 29 Hormones de synthèse et maîtrise de la procréation

**Grâce aux connaissances acquises sur les hormones naturelles, les chercheurs ont pu mettre au point des molécules de synthèse permettant une maîtrise de la procréation mieux adaptée et comportant moins d'effets secondaires.**

## I La contraception hormonale

- La contraception hormonale utilise des œstrogènes et un dérivé de la progestérone (progestatif) qui bloquent le développement folliculaire, empêchant l'ovulation par rétrocontrôle négatif sur le complexe hypothalamo-hypophysaire.
- De plus, elle rend le mucus cervical **(doc. 1)** imperméable aux spermatozoïdes.
- Par ces deux actions, la contraception hormonale empêche la fécondation.
- La première pilule œstroprogestative a été conçue en 1956 par Grégory Pincus et Chuey Chang et mise en vente aux États-Unis en 1960. Il faudra attendre 1967 pour que la vente de ce contraceptif soit autorisée en France et 1974 pour que la pilule soit remboursée par la sécurité sociale.

La **contraception hormonale** pour les hommes est peut-être pour demain. Des chercheurs ont mis au point une substance qui produit une diminution rapide et réversible du nombre et de la mobilité des spermatozoïdes, avec des effets déterminants sur la fertilité.

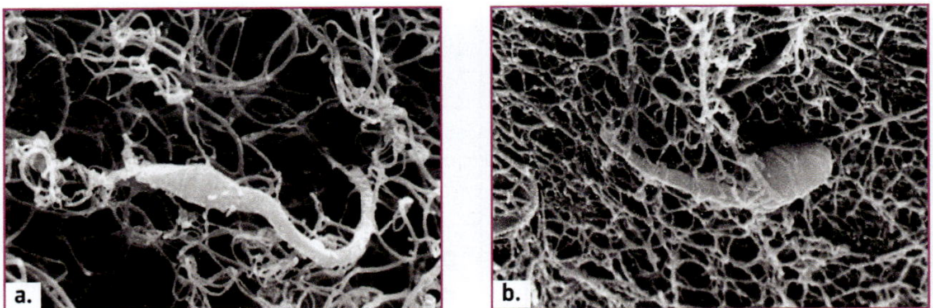


**Doc. 1. Aspects du mucus cervical observé au MEB en fin de phase folliculaire chez une femme qui ne prend pas la pilule (a.) et en fin de phase folliculaire chez une femme qui prend la pilule (b.).**
**a.** Le spermatozoïde passe à travers les mailles lâches du mucus.
**b.** Le spermatozoïde est bloqué par les mailles serrées du mucus.

## II La contragestion

Il existe trois méthodes ayant pour but d'empêcher la gestation.

- La **pilule du lendemain** (Norlevo) contient une hormone de synthèse (un progestatif, le levonorgestrel) qui empêche l'ovulation si elle n'a pas eu lieu, ou qui empêche l'implantation de l'œuf dans le cas où il y a eu fécondation. Elle doit être prise au plus tard trois jours après le rapport sexuel et est en vente libre en pharmacie, mais ne doit pas être utilisée régulièrement.
- La **pilule du surlendemain** (Ellaone), composée d'une autre molécule de synthèse (ulipristal acétate) a la même action que la pilule du lendemain, mais peut être utilisée jusqu'à cinq jours après un rapport sexuel supposé fécondant. En revanche, sa délivrance n'est possible que sur ordonnance et son coût est plus élevé que celui de la pilule du lendemain.
- Le **RU 486** ou pilule abortive, constituée d'une molécule de synthèse, la mifépristone, se fixe sur les mêmes récepteurs que la progestérone, l'empêchant d'assurer son rôle dans la poursuite de la gestation. Cela entraîne des règles anticipées, interrompant la nidation de l'embryon. Le RU 486 doit être utilisé avant la 5e semaine de grossesse. Son utilisation, qui se fait en milieu médical, doit rester exceptionnelle.

L'action de ces trois molécules de synthèse s'explique par leur structure moléculaire très proche de celle de la progestérone **(doc. 2)**.

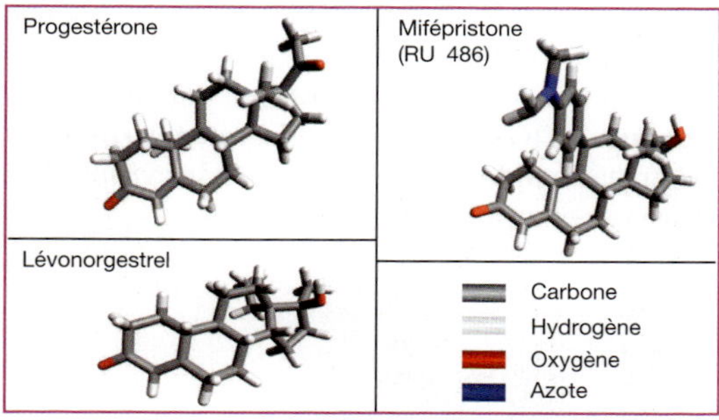


**Doc. 2. Représentation moléculaire de la progestérone, du RU 486 et du levonorgestrel.**

# 30 Stérilité et procréation médicalement assistée (PMA)

**Les hormones de synthèse sont également utilisées dans les techniques de procréations médicalement assistées (PMA), permettant d'apporter une solution à la plupart des cas de stérilité en facilitant la fécondation et/ou la gestation.**

## I Les causes de stérilité

On parle de stérilité si un couple désirant un enfant n'y parvient pas au bout de deux ans de relations sexuelles sans contraception.

- Chez la femme, les causes les plus fréquentes sont l'obstruction des trompes utérines ou des problèmes hormonaux empêchant l'ovulation par suite de déficits d'origine ovarienne ou hypothalamo-hypophysaire.
- Chez l'homme, les anomalies concernent essentiellement le nombre de spermatozoïdes, leur mobilité et leur structure.

## II Techniques de PMA

- L'**insémination artificielle** remédie à la stérilité masculine. Elle peut se faire avec le sperme du conjoint, ou d'un donneur lorsque qu'il y a absence de spermatozoïdes dans le sperme du conjoint.
- Dans le cas particulier où les spermatozoïdes du conjoint sont peu nombreux et peu mobiles, on peut avoir recours à l'**ICSI** (*Intra Cytoplasmic Sperm Injection*) qui permet d'injecter un spermatozoïde directement dans le cytoplasme de l'ovule **(doc. 1)**. La procédure est ensuite identique à celle pratiquée pour la FIVETE.

→ rabats

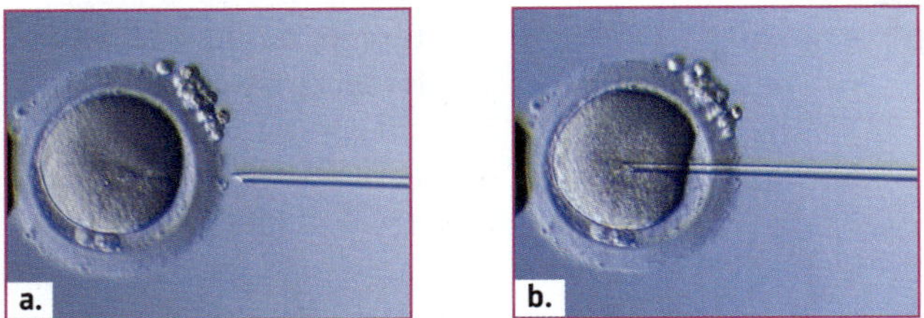


**Doc. 1. Technique de l'ICSI.**
**a.** Un ovule et un spermatozoïde sont prélevés.
**b.** Le spermatozoïde est introduit dans le cytoplasme de l'ovule.

▪ La FIVETE **(Fécondation *in vitro* et transfert d'embryon)** remédie à la stérilité féminine. Elle est proposée en cas d'obstruction des trompes mais aussi quand une femme a des troubles de l'ovulation :

- un traitement hormonal est préalablement administré à la patiente pour stimuler son ovulation, comprenant de la FSH, qui permettra l'arrivée à maturité de plusieurs follicules ;
- puis l'injection d'une substance chimique ayant les mêmes effets que la LH permet de déclencher l'ovulation ;
- juste avant celle-ci, les ovocytes (ovules) seront prélevés dans l'ovaire et mis en contact *in vitro* avec des spermatozoïdes pour obtenir une fécondation et le développement d'embryons (doc. 2) ;
- les embryons (deux ou trois) sont ensuite transférés dans l'utérus de la future mère.

La première **FIVETE** en France a donné naissance à Amandine, en 1982. Depuis, plus de 200 000 enfants sont issus d'une fécondation *in vitro*.

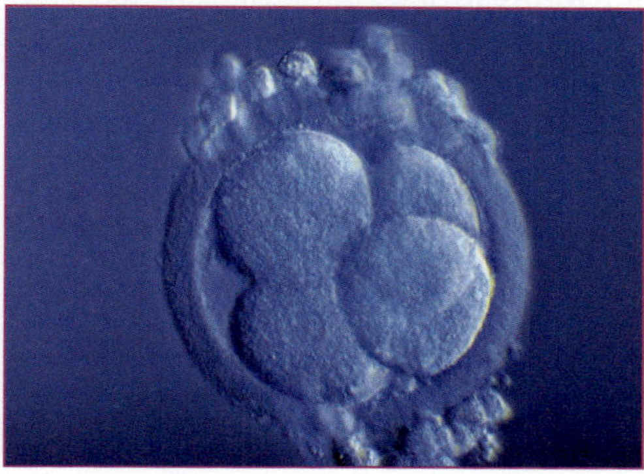

**Doc. 2. Embryon de 48 h prêt à être implanté dans l'utérus (stade 4 cellules).**

## III Les limites des méthodes de PMA

▪ Une législation encadre les différentes techniques de PMA, afin d'éviter des problèmes d'ordre éthique.

▪ En France, la FIVETE n'est pas envisagée actuellement pour une femme ménopausée ou pour un couple homosexuel. Le don de gamètes ou d'embryons est anonyme et gratuit, et les couples receveurs seront légalement considérés comme seuls parents du ou des futur(s) enfant(s).

▪ De plus, il est nécessaire d'éviter les dérives permettant de sélectionner les embryons sur des critères autres que pathologiques (ex. : le choix du sexe de l'enfant), et les embryons non utilisés posent problème quant à leur devenir (faut-il les détruire ? les utiliser pour la recherche médicale ?).

En France, la **PMA** est réservée aux couples hétérosexuels infertiles, en âge de procréer, mariés ou faisant preuve de deux ans de vie commune.

# 31 Infections sexuellement transmissibles et mesures de prévention

Les infections sexuellement transmissibles peuvent avoir de graves conséquences et être cause de stérilité. Leur propagation peut être évitée par des comportements individuels adaptés.

## I La propagation des infections sexuellement transmissibles (IST)

- Les IST sont dues à différents **micro-organismes** qui se transmettent entre partenaires au cours de rapports sexuels (oraux, vaginaux ou anaux).
- Les micro-organismes responsables des IST sont localisés dans le sperme et dans les sécrétions vaginales. Il s'agit en général de bactéries et de virus.

| Quelques micro-organismes à l'origine des IST | IST | Lieux où l'on trouve les micro-organismes |
|---|---|---|
| **Bactérie :** *Treponema pallidum.* | **Syphilis :** maladie très contagieuse, en recrudescence, qui provoque de nombreuses lésions dans tout l'organisme. | – sperme<br>– sécrétions vaginales<br>– sang |
| **Virus :** VIH. | **Sida :** la personne infectée le reste toute sa vie. | – sperme<br>– sécrétions vaginales<br>– sang |
| **Protozoaire :** *Trichomonas vaginalis.* | **Trichomonose :** infection relativement fréquente chez l'homme et la femme. | – sperme<br>– sécrétions vaginales<br>– serviette, maillot de bain contaminé |
| **Bactérie :** *Neisseria gonorrhoeae.* | **Gonococcie :** infection qui peut, dans certaines conditions, conduire à la septicémie. | – sperme<br>– sécrétions vaginales |

■ Une des raisons majeures expliquant la propagation des IST au sein de la population est que la plupart d'entre elles sont **asymptomatiques** : les personnes infectées n'ayant pas de symptômes, elles ne vont pas consulter de médecin et risquent de transmettre l'IST à leur partenaire.

## II Adopter un comportement responsable dans sa vie sexuelle

■ Chaque individu doit prendre en charge de façon responsable sa vie sexuelle afin de se protéger et protéger son (ses) partenaire(s).

■ Les IST peuvent être cause de stérilité. Des bactéries telles les *Chlamydiae* peuvent entraîner une infection des trompes utérines (salpingite) et causer leur obstruction.

■ Il est indispensable d'adopter des **mesures de prévention** afin d'éviter contamination et propagation des IST. L'utilisation du préservatif lors des rapports sexuels est la méthode de prévention la plus efficace. En effet, les micro-organismes, de par leur taille, ne passent pas à travers les pores de la membrane du préservatif.

■ Tout patient diagnostiqué porteur d'une IST devrait en avertir ses partenaires passés et actuel(s) afin qu'ils se fassent dépister. Ainsi, la prise en charge médicale du patient et de ses partenaires permettrait d'éviter toute nouvelle contamination.

Les signes cliniques d'une **IST** sont variés et souvent très discrets, surtout chez la femme. Il peut y avoir des brûlures en urinant, des pertes vaginales, des boutons au niveau de la région génitale et des démangeaisons.

■ Les professionnels de la santé conseillent actuellement à toutes les jeunes filles de se faire vacciner contre certaines souches de papillomavirus, virus transmis par voie sexuelle et responsable de cancers du col de l'utérus.

■ Des mesures d'hygiène évidentes (lavage des mains et du corps dans son ensemble) limitent aussi la propagation des IST.

# Quiz express

Vérifiez que vous avez bien retenu les points clés des **fiches 27 à 31**.

## Hormones ovariennes et contrôle des fonctions de reproduction

**1 Le fonctionnement de l'appareil génital chez la femme :**

☐ **a.** est cyclique.
☐ **b.** commence à la naissance et s'achève à la ménopause.
☐ **c.** se traduit par des règles qui marquent la fin d'un cycle et le début du suivant.

**2 L'ovaire :**

☐ **a.** libère des hormones, œstradiol et testostérone, dans le sang.
☐ **b.** libère des hormones, œstradiol et progestérone, dans le sang.
☐ **c.** sécrète de la progestérone en début de cycle.
☐ **d.** sécrète une grande quantité d'œstradiol environ 48 h avant l'ovulation.

**3 Les hormones ovariennes :**

☐ **a.** sont sécrétées de façon cyclique.
☐ **b.** sont sécrétées par deux structures ovariennes : follicule cavitaire et ovule.
☐ **c.** sont sécrétées par deux structures ovariennes : follicule cavitaire et corps jaune.
☐ **d.** ont une concentration qui augmente en fin de cycle.

FICHE 27

## Hormones du complexe hypothalamo-hypophysaire

**4 Les hormones hypophysaires :**

☐ **a.** sont la GnRH et la LH.
☐ **b.** sont la FSH et la LH.
☐ **c.** stimulent les gonades, d'où leur nom de gonadostimulines.
☐ **d.** exercent des rétrocontrôles sur les ovaires.

**5 Les hormones ovariennes :**

☐ **a.** entraînent une diminution de la concentration de FSH en phase folliculaire : c'est un rétrocontrôle positif.
☐ **b.** entraînent une diminution de la concentration de FSH en phase folliculaire : c'est un rétrocontrôle négatif.
☐ **c.** exercent un rétrocontrôle positif aux alentours du douzième jour du cycle.
☐ **d.** exercent un rétrocontrôle positif en phase lutéale.

FICHE 28

## Hormones de synthèse et maîtrise de la procréation

**6 La contraception hormonale :**
- ☐ **a.** rend le mucus cervical imperméable aux spermatozoïdes.
- ☐ **b.** permet l'ovulation grâce à des œstrogènes et un dérivé de la progestérone.
- ☐ **a.** empêche l'ovulation grâce à des œstrogènes et un dérivé de la progestérone.
- ☐ **c.** met en jeu des molécules de synthèse.

**7 La contragestion :**
- ☐ **b.** comprend trois méthodes dont le but est d'empêcher la gestation.
- ☐ **c.** utilise des molécules de synthèse dont la structure moléculaire est très proche de celle de l'œstradiol.
- ☐ **d.** ne doit pas être utilisée de façon régulière.

**8 Le RU 486 :**
- ☐ **a.** contient une molécule qui se fixe sur les mêmes récepteurs que la progestérone.
- ☐ **b.** entraîne des règles anticipées, interrompant la nidation de l'embryon.
- ☐ **c.** empêche l'apparition des règles.

FICHE 29

## Stérilité et procréation médicalement assistée (PMA)

**9 Les techniques de PMA :**
- ☐ **a.** ne peuvent être réalisées qu'avec le sperme du conjoint, et non celui d'un donneur.
- ☐ **b.** peuvent remédier à une obstruction des trompes utérines chez la femme.
- ☐ **c.** peuvent être réalisées en injectant un seul spermatozoïde directement dans le cytoplasme de l'ovule.
- ☐ **d.** peuvent être utilisées en France pour des femmes ménopausées ou homosexuelles.

FICHE 30

## Infections sexuellement transmissibles et mesures de prévention

**10 Les IST :**
- ☐ **a.** n'entraînent pas forcément de symptômes.
- ☐ **b.** peuvent être responsables de stérilité, en causant l'obstruction des trompes utérines chez la femme.
- ☐ **c.** sont dues à des micro-organismes localisés dans le tube digestif.

FICHE 31

**RÉPONSES**

**1.** a et c • **2.** b et d • **3.** a et c • **4.** b et c • **5.** b et c • **6.** a, c et d • **7.** a et c • **8.** a et b • **9.** b et c • **10.** a et b

# SUJET 24 | Action du RU 486

DURÉE 20MIN

→ **Fiche 27** Hormones ovariennes et contrôle des fonctions de reproduction
→ **Fiche 28** Hormones du complexe hypothalamo-hypophysaire
→ **Fiche 29** Hormones de synthèse et maîtrise de la procréation

Des expériences ont été réalisées pour comprendre le mode d'action du RU 486. Des analyses de sang régulières ont permis de suivre l'évolution de la concentration en progestérone chez deux groupes de femmes, et le moment précis d'apparition des règles a été noté.

**DOCUMENT** **Effets du RU 486 sur des femmes par rapport à un groupe témoin**

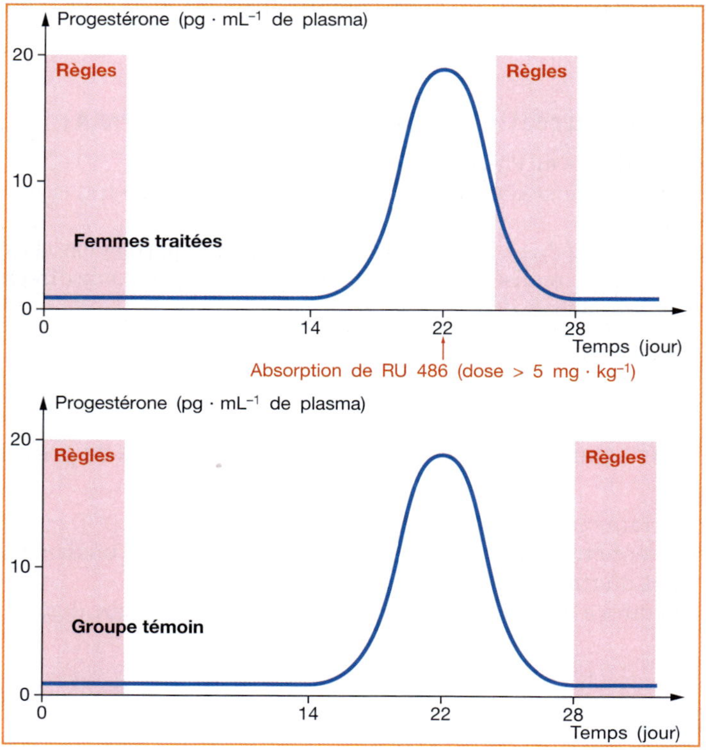

**À partir du document, indiquer la réponse exacte et justifier votre choix.**

L'observation des résultats permet de dire que le RU 486 :
**a.** empêche les règles, et s'oppose donc à la nidation de l'embryon.
**b.** déclenche les règles, et s'oppose donc à la nidation de l'embryon.
**c.** permet à la progestérone d'exercer son action sur l'endomètre.
**d.** se fixe sur les mêmes récepteurs que l'œstradiol, l'empêchant d'assurer son rôle dans la poursuite de la gestation.

**DÉMARRONS ENSEMBLE**

- Il faut bien observer à quel moment du cycle auront lieu les règles dans les deux cas.
- Vous devez bien comprendre que la muqueuse utérine est indispensable à la nidation d'un éventuel embryon.

## CORRIGÉ

- La réponse exacte est la répons **b**. En effet, le RU 486 entraîne des règles anticipées. La muqueuse utérine étant détruite, la nidation de l'embryon ne peut pas avoir lieu.
- La réponse **a** est fausse, car le RU 486 n'empêche pas les règles, il les déclenche.
- La réponse **c** est fausse, car le RU 486 empêche la progestérone d'exercer son action sur l'endomètre (muqueuse utérine).
- La réponse **d** est fausse, car le RU 486 se fixe sur les mêmes récepteurs que la progestérone, et non sur ceux de l'œstradiol.

Les règles correspondent à la destruction de la **muqueuse utérine**. Celle-ci est détruite tous les 28 jours en moyenne, sauf s'il y a fécondation. Dans ce cas, la muqueuse utérine permettra la nidation de l'embryon.

# SUJET 25 | Le mode d'action de la pilule contraceptive

DURÉE 60MIN

→ Fiche 27 Hormones ovariennes et contrôle des fonctions de reproduction
→ Fiche 28 Hormones du complexe hypothalamo-hypophysaire
→ Fiche 29 Hormones de synthèse et maîtrise de la procréation

Une jeune fille de 17 ans, Fanny, souhaiterait prendre la pilule. Elle consulte un gynécologue afin qu'il lui prescrive ce moyen de contraception, dont elle aimerait connaître le mode d'action.

## DOCUMENT 1 Évolution des concentrations plasmatiques des œstrogènes et de la progestérone chez une femme

On mesure les concentrations plasmatiques des œstrogènes et de la progestérone chez une femme au cours d'un cycle normal, puis au cours de deux cycles sous pilule combinée. La pilule combinée, encore appelée œstroprogestative, associe un œstrogène et un dérivé de la progestérone (appelé progestatif). Elle est administrée 21 jours par mois.

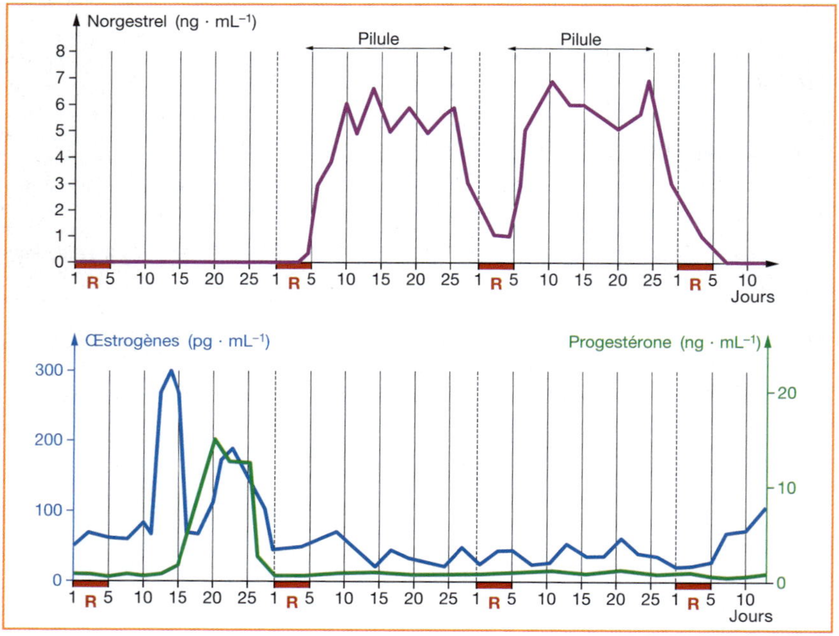

## DOCUMENT 2 Aspect de la glaire cervicale

On observe l'aspect de la glaire cervicale au quatorzième jour du cycle chez une femme qui ne prend pas la pilule (doc. a) et chez une femme qui prend la pilule (doc. b).

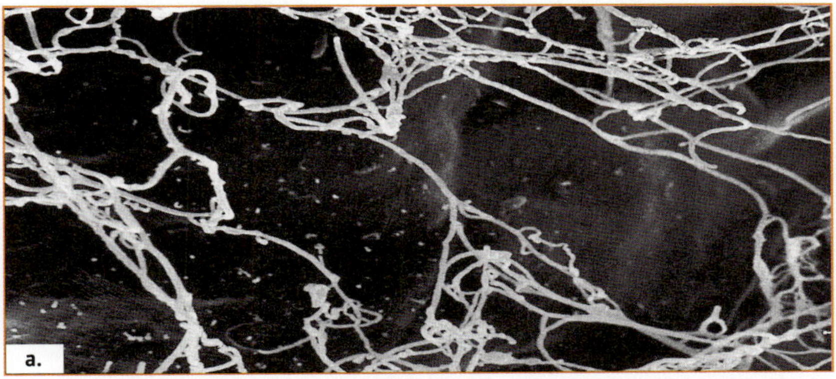


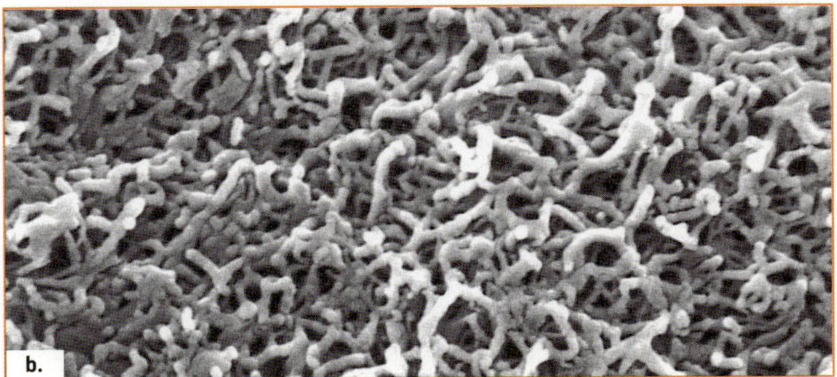


**a.** Chez une femme qui ne prend pas la pilule.
**b.** Chez une femme qui prend la pilule.

## DOCUMENT 3 Évolution de la fréquence des pics de LH chez trois femmes

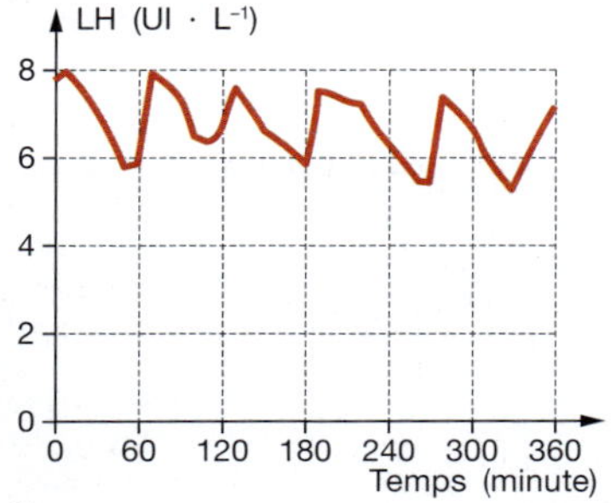


a.

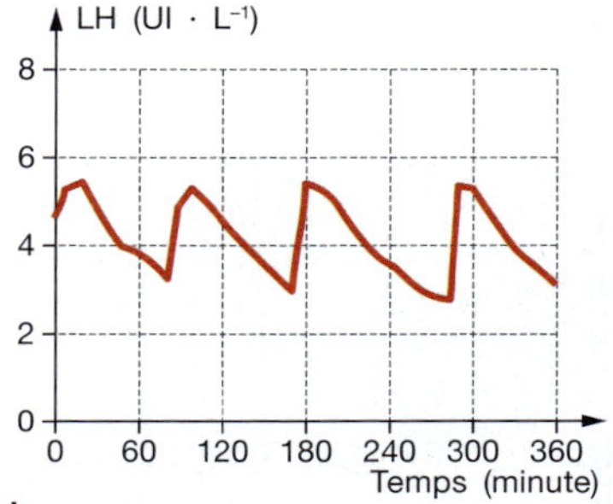


b.

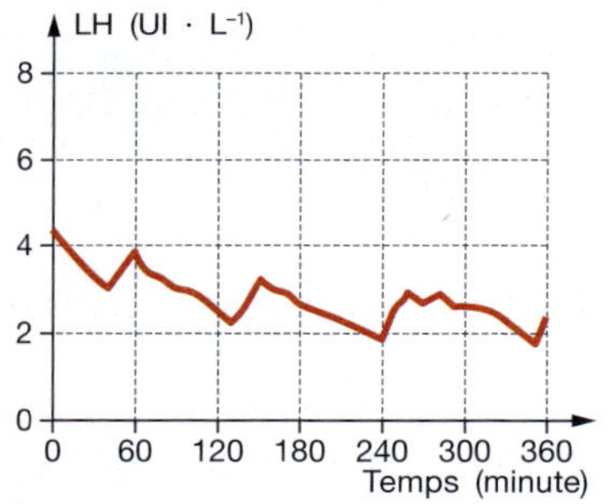


c.

**a.** Au 7e jour du cycle chez une femme qui ne prend pas la pilule.
**b.** Au 7e jour du cycle chez une femme qui prend la pilule.
**c.** Au 15e jour du cycle chez une femme qui prend la pilule.

**À travers l'étude des trois documents proposés, rédiger un texte correspondant aux explications qu'aurait fournies le médecin à Fanny concernant l'effet contraceptif de la pilule.**

### DÉMARRONS ENSEMBLE

- On rappelle que la pilule agit à deux niveaux.
- Le document 1 vous permet d'observer les conséquences d'une prise de pilule sur le cycle menstruel.
- Il faut comparer le maillage de la glaire cervicale chez une femme qui ne prend pas la pilule avec celui d'une femme qui prend la pilule (document 2).
- Le document 3 est le plus important, c'est celui qui vous permettra d'expliquer le mode d'action de la pilule.

## CORRIGÉ

Vous souhaitez prendre la pilule et comprendre son mode d'action. Il faut d'abord que vous sachiez que l'efficacité de la pilule est quasi absolue et qu'elle agit à deux niveaux.

- La pilule modifie la glaire cervicale : les mailles sont relâchées, au quatorzième jour du cycle, chez une femme qui ne prend pas la pilule (document 2a), alors qu'elles sont très serrées chez une femme sous pilule (document 2b), formant une barrière qui s'oppose au passage de spermatozoïdes, qui ne pourront pas pénétrer dans la cavité utérine.
- Les hormones de synthèse contenues dans la pilule vont entraîner de fortes baisses des taux d'hormones ovariennes, c'est-à-dire des œstrogènes et de la progestérone (document 1). Le taux de progestérone est proche de 0 ng par mL, et celui d'œstrogènes est autour de 50 pg par mL lors des cycles sous pilule.

Il faut bien observer les **taux d'œstrogènes et de progestérone** lors des deux cycles sous pilule par rapport au cycle d'une femme qui ne prend pas la pilule.

- La concentration en LH est plus élevée et la fréquence des pics de LH plus importante chez une femme qui ne prend pas la pilule (documents 3a et 3b). Chez une femme qui prend la pilule, le taux de LH est surtout plus faible vers le quinzième jour du cycle.
- On dit que les hormones de synthèse contenues dans la pilule exercent un rétrocontrôle négatif sur l'hypophyse.
- Il n'y a pas de pic de LH ; il ne peut donc pas y avoir ovulation. S'il n'y a pas d'ovulation, il ne peut pas y avoir de fécondation. Vous ne pourrez donc pas être enceinte sous pilule, à partir du moment bien sûr où vous la prenez correctement.

# SUJET 26 | Dosages hormonaux et stérilité

DURÉE 20MIN

→ **Fiche 27** Hormones ovariennes et contrôle des fonctions de reproduction
→ **Fiche 28** Hormones du complexe hypothalamo-hypophysaire
→ **Fiche 30** Stérilité et procréation médicalement assistée (PMA)

Madame X consulte son médecin en raison de sa stérilité. Il lui prescrit des examens sanguins dont les résultats sont présentés sur le document ci-dessous, et comparés à des résultats observés chez une femme fertile.

## DOCUMENT Dosages hormonaux

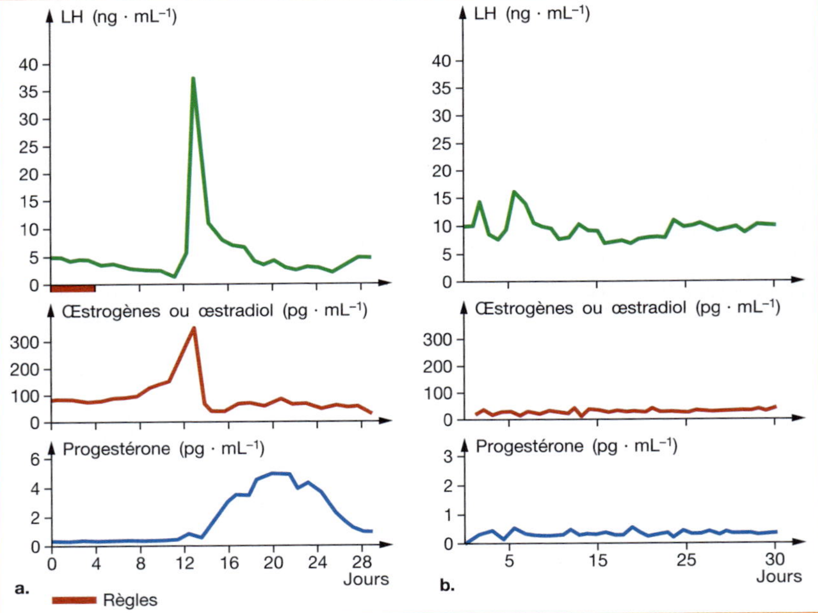


**a.** Dosage hormonaux d'une femme témoin.
**b.** Dosage hormonaux de madame X.

**1.** En utilisant le document **a** et vos connaissances, préciser l'action des œstrogènes sur le taux de LH au huitième jour et au douzième jour d'un cycle normal.

**2.** On cherche à connaître la cause de stérilité de madame X. Indiquer la réponse exacte et justifier votre choix.

À partir des résultats expérimentaux présentés sur ces graphiques, on peut dire que madame X :
**a.** présente des taux d'hormones hypophysaires normaux.
**b.** a un taux de LH élevé qui pourra déclencher l'ovulation en exerçant un rétrocontrôle positif sur les ovaires.
**c.** possède des taux d'hormones ovariennes normaux.
**d.** présente un taux d'œstrogènes toujours faible, n'entraînant pas de pic de LH et donc pas d'ovulation.

**DÉMARRONS ENSEMBLE**

- Vous devez bien observer l'allure des courbes dans les deux cas, et les comparer.
- Il faut faire appel à vos connaissances sur les rétrocontrôles.

## CORRIGÉ

**1.** On voit qu'au huitième jour, le taux de LH diminue.
Les œstrogènes agissent sur la diminution du taux de LH : c'est un rétrocontrôle négatif.

Au douzième jour, le taux d'œstrogène et le taux de LH augmentent et forment un pic qui a lieu au quatorzième jour : c'est un rétrocontrôle positif.

Le **rétrocontrôle** est négatif si la concentration en œstrogènes est modérée. Le rétrocontrôle est positif quand la concentration en œstrogènes atteint un pic.

**2.** La bonne réponse est la réponse **d**.

En effet, les taux d'hormones hypophysaires ne sont pas normaux, pas plus que les taux d'hormones ovariennes. La réponse **a** est donc fausse, ainsi que la réponse **c**.

L'hormone LH n'exerce pas de rétrocontrôle sur les ovaires. Ce sont les ovaires qui exercent des rétrocontrôles sur le complexe hypothalamo-hypophysaire. La réponse **b** est donc fausse.

Le taux d'œstrogènes de madame X est toujours très faible. Il n'y a pas de pic d'œstradiol, donc pas de rétrocontrôle positif sur le complexe hypothalamo-hypophysaire. Ainsi, il n'y a pas de pic de LH et pas d'ovulation.

# SUJET 27 | Une technique de PMA pour remédier à un cas de stérilité

DURÉE 20 MIN

→ **Fiche 27** Hormones ovariennes et contrôle des fonctions de reproduction
→ **Fiche 28** Hormones du complexe hypothalamo-hypophysaire
→ **Fiche 30** Stérilité et procréation médicalement assistée (PMA)

Monsieur et madame X tentent d'avoir un enfant depuis plusieurs années, sans succès. Madame X présente des dosages hormonaux normaux, et le médecin ne décèle pas de problème particulier chez elle. Il demande à un confrère de réaliser un spermogramme pour monsieur X.

## DOCUMENT Résultats partiels du spermogramme de monsieur X

| Recherche effectuée | Monsieur X | Valeurs normales |
|---|---|---|
| Volume de l'éjaculat | 2,4 mL | Supérieur à 2 mL |
| pH | 8,5 | Supérieur à 7,2 |
| Viscosité | normale | |
| Numération des spermatozoïdes | 1,5 million/mL | 50 à 100 millions/mL |
| Spermacytogramme (% de formes anormales) | 10 % | Inférieur à 20 % |

**Rédiger un court texte qui pourrait correspondre au rapport réalisé par le médecin à la lecture des résultats du spermogramme de monsieur X, en orientant le couple vers une technique de PMA.**

### DÉMARRONS ENSEMBLE

- Il faut bien comparer toutes les valeurs présentées pour monsieur X avec les valeurs normales, afin de repérer dans un premier temps la cause de l'infertilité de monsieur X.
- Dans un deuxième temps, il faut déduire de l'analyse du document la (ou les) méthode(s) de PMA appropriée(s) pour pallier cette infertilité.

## CORRIGÉ

- Le volume de l'éjaculat de monsieur X est tout à fait normal : en effet, il est de 2,4 mL, la norme étant un volume supérieur à 2 mL.
- Le pH est de 8,5, donc normal, puisqu'on nous dit que la valeur normale est supérieure à 7,2. La viscosité du sperme est également normale.
- Le pourcentage de spermatozoïdes anormaux est de 10 %, la valeur normale étant inférieure à 20 %, donc le problème ne vient pas non plus d'un trop grand nombre de formes anormales de spermatozoïdes.
- En revanche, le nombre de spermatozoïdes est inférieur à la normale. En effet, la numération des spermatozoïdes de monsieur X indique 15 millions par mL, alors que les valeurs normales se situent entre 50 et 100 millions par mL.
- La cause de la stérilité de monsieur X est donc due à un nombre de spermatozoïdes plus de trois fois inférieur à la normale.
- Dans le cas de monsieur X, où les spermatozoïdes sont peu nombreux, je propose, en tant que médecin, une ICSI (*Intra Cytoplasmic Sperm Injection*) à monsieur et madame X. Un spermatozoïde de monsieur X sera directement injecté dans le cytoplasme de l'ovule de madame X.
- L'ICSI est une technique de PMA particulièrement adaptée aux cas où les spermatozoïdes du futur père sont peu nombreux et peu mobiles.

# SUJET 28 | Un traitement pour des patientes stériles

DURÉE 30MIN

→ **Fiche 27** Hormones ovariennes et contrôle des fonctions de reproduction
→ **Fiche 28** Hormones du complexe hypothalamo-hypophysaire
→ **Fiche 30** Stérilité et procréation médicalement assistée (PMA)

- Deux patientes stériles ont été traitées par injection d'HMG, une hormone permettant la stimulation ovarienne et dont les effets sont proches de ceux de la FSH. Le traitement a été efficace pour madame A.
- Chez une femme fertile, le taux plasmatique maximal d'œstradiol est en moyenne de 500 pg par mL au douzième jour d'un cycle de 28 jours. Chez les femmes stériles suivies, cette valeur ne dépasse jamais sans traitement 200 pg par mL.

DOCUMENT **Réponse de deux patientes stériles traitées par HMG**

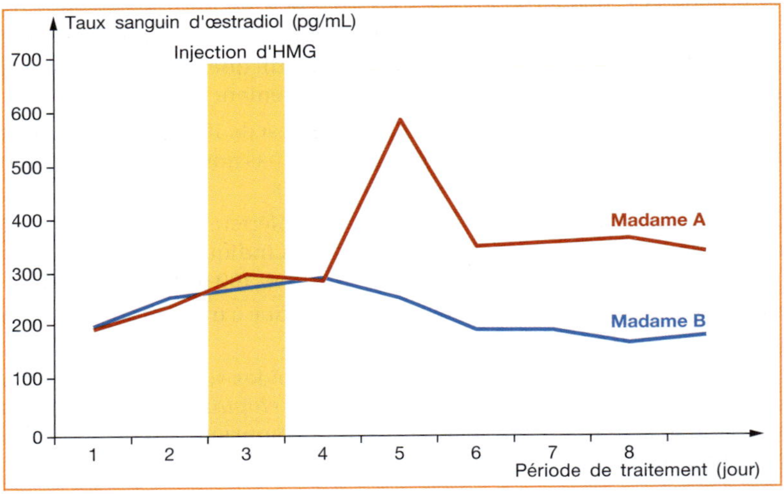


**À partir du document ci-dessus, on cherche à comprendre pourquoi le traitement est efficace pour madame A, alors qu'il ne l'est pas pour madame B. Parmi les réponses proposées ci-dessous, indiquer la réponse exacte et justifier votre choix.**

D'après les résultats obtenus, on peut dire que madame B :
**a.** présente un faible taux d'œstradiol après injection de HMG, ce qui permettra le pic de LH à l'origine de l'ovulation.
**b.** présente un faible taux d'œstradiol après injection de HMG, car elle prend la pilule.
**c.** ne possède plus dans ses ovaires de structures sécrétrices d'œstradiol.
**d.** ne possède plus dans ses ovaires de structures sécrétrices de FSH.

**DÉMARRONS ENSEMBLE**

- Vous devez bien observer l'allure des courbes dans les deux cas, et les associer à la patiente concernée.
- Attention, il ne faut pas confondre les hormones sécrétées par l'hypophyse antérieure et celles qui sont sécrétées par les structures de l'ovaire.
- La FSH est l'une des deux hormones hypophysaires impliquées dans l'activité cyclique des ovaires.

## CORRIGÉ

- La bonne réponse est la réponse **c**.
- La réponse **a** est fausse, car madame B a un faible taux d'œstradiol après l'injection de HMG, or c'est un taux élevé d'œstradiol qui permet le pic de LH qui est à l'origine de l'ovulation.
- Madame B souhaite être enceinte. Il est donc très peu probable qu'elle prenne un moyen de contraception. La réponse **b** est fausse.
- Les structures ovariennes sécrètent de l'œstradiol et de la progestérone, en aucun cas de la FSH, donc la réponse **d** est fausse.
- On peut donc dire que madame B, dont le taux d'œstradiol n'augmente pas après injection, ne possède plus les structures ovariennes (follicules et corps jaune) responsables de la sécrétion de cette hormone.

# SUJET 29 | Une infection sexuellement transmissible, la chlamydiose

DURÉE 20MIN

→ **Fiche 30** Stérilité et procréation médicalement assistée (PMA)
→ **Fiche 31** Infections sexuellement transmissibles et mesures de prévention

Les *Chlamydiae* sont des bactéries responsables d'infections des trompes utérines, et à l'origine de la chlamydiose, la plus fréquente des IST bactériennes.

**DOCUMENT** Conséquences d'une chlamydiose chez une femme

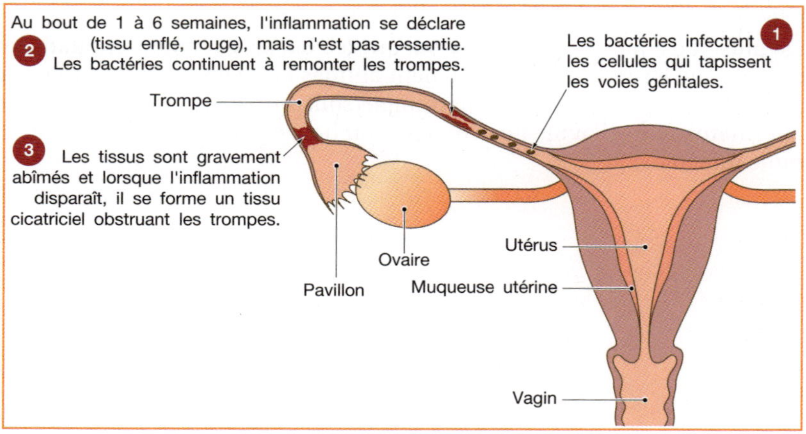

La rencontre entre le spermatozoïde et l'ovule a lieu dans la partie supérieure des trompes utérines. L'embryon qui en résulte s'implantera dans la cavité de l'utérus.

**À partir des informations extraites du document, et à l'aide de vos connaissances, expliquer pourquoi la plupart des femmes infectées ne vont pas consulter leur médecin, et préciser le problème que cela risque de poser pour leur partenaire.**

**Quelle grave conséquence peut entraîner la chlamydiose chez une femme infectée ?**

**DÉMARRONS ENSEMBLE**

- Il faut bien lire les informations notées aux pastilles 1, 2 et 3 du document, car ce sont elles qui vous permettent de répondre à la question.
- Vous devez bien comprendre la nécessité de l'intégrité des trompes utérines pour la fécondité d'une femme.

## CORRIGÉ

- On nous dit que l'inflammation se déclare au bout de 1 à 6 semaines, mais qu'elle n'est pas ressentie. C'est pourquoi la femme infectée, qui ne présente donc **pas de symptomes**, ne va pas consulter de médecin.
- Le problème est que, étant infectée, elle possède des bactéries au niveau de son appareil génital, et que celles-ci risquent de **contaminer son partenaire**. On parle d'ailleurs d'infection sexuellement transmissible.
- De plus, il est précisé sur le schéma que les bactéries remontent dans les trompes, que les tissus sont gravement abîmés et qu'un tissu cicatriciel se forme, obstruant les trompes. Si les trompes sont obstruées, la rencontre entre le spermatozoïde et l'ovule ne peut pas avoir lieu, entraînant la **stérilité** de la femme infectée.

FÉMININ / MASCULIN

# Devenir homme ou femme

La puberté, un ensemble de transfomations au cours de l'adolescence.

## FICHES



## BILAN



## SUJETS CORRIGÉS

# 32 Réalisation des phénotypes sexuels

**Les phénotypes sexuels, mâle et femelle, se réalisent essentiellement au cours du développement embryonnaire, et s'achèveront à la puberté. La mise en place des structures et de la fonctionnalité des appareils sexuels se réalise donc sur une très longue période.**

## I Le déterminisme génétique de la différenciation des appareils génitaux

- Au cours de son développement, jusqu'à la 7e semaine, l'embryon n'est ni mâle ni femelle : les glandes génitales ainsi que les organes génitaux externes sont **indifférenciés** et l'embryon possède des voies génitales mâles et des voies génitales femelles.
- Les individus ayant un caryotype XXY (syndrome de Klinefelter) possèdent deux chromosomes X et ont un phénotype masculin tandis que les individus ne possédant qu'un seul chromosome X (syndrome de Turner) sont de phénotype féminin **(doc. 1)**. C'est donc la présence du chromosome Y qui permet l'évolution du phénotype vers le sens masculin, alors que son absence entraîne obligatoirement un phénotype féminin.

| Caryotype | Sexe phénotypique | Phénotype observable |
|---|---|---|
| 45, X0 | féminin | phénotype féminin |
| 45, Y0 | L'absence de chromosome X est létale | |
| 46, XX | féminin | femme normale |
| 47, XXX | féminin | phénotype féminin |
| 46, XY | masculin | homme normal |
| 47, XXY | masculin | phénotype masculin |
| 47, XYY | masculin | phénotype masculin |

**Doc. 1. Quelques anomalies chromosomiques et phénotypes associés.**

- C'est plus précisément un gène présent sur le chromosome Y, le gène SRY, qui permet la différenciation de la gonade indifférenciée en testicule. Ce gène n'est pas présent sur le chromosome X, donc, en son absence, la gonade évoluera en ovaire.

■ Des accidents chromosomiques peuvent être responsables d'anomalies chromosomiques :

– la perte d'une région du chromosome Y engendre un individu de caryotype XY mais de phénotype féminin ;

– le transfert de la région du chromosome Y, qui porte le gène SRY, sur le chromosome X engendre un individu de caryotype XX mais de phénotype masculin.

Les hommes de **caryotype XX** ont une puberté peu marquée et sont stériles.

## II Le déterminisme hormonal de la mise en place des appareils génitaux

■ La présence du testicule entraîne la masculinisation de l'embryon alors que son absence entraîne un phénotype féminin.

■ Le testicule agit par l'intermédiaire de deux hormones entre la 8e et la 16e semaine du développement embryonnaire :

– la **testostérone**, qui permet le développement des voies génitales mâles et des organes génitaux externes ;

– l'**AMH** (hormone anti-müllerienne) qui permet la dégénérescence des canaux à l'origine des voies génitales femelles.

■ L'ovaire ne sécrète ni AMH, ni testostérone au cours du développement embryonnaire et n'a donc aucune action sur l'établissement du phénotype sexuel.

■ La puberté est la dernière étape de l'établissement du phénotype sexuel :

– chez le garçon : le testicule sécrète toujours de la testostérone (mais plus d'AMH) et cette hormone entraîne l'apparition des caractères sexuels secondaires et la production de sperme, donc de spermatozoïdes ;

– chez la fille : l'ovaire sécrète œstradiol et progestérone, permettant l'apparition des caractères sexuels secondaires et l'émission d'ovules.

En deux siècles, l'âge moyen des premières règles est passé de 16/18 ans à 12/13 ans en moyenne dans les pays dits « riches ». Si les signes de la **puberté** surviennent entre 8 et 9 ans, on parle de puberté précoce.

# 33 Comportement sexuel et phénomènes biologiques associés

Le comportement sexuel chez les Mammifères comprend toutes les actions associées à l'accouplement. Il est contrôlé par les hormones et par le système de récompense qui est prépondérant dans la sexualité de l'Homme.

## I Influence des hormones sur le comportement sexuel des Mammifères

- Chez les Mammifères adultes non Hominoïdes, il y a une relation directe entre le comportement sexuel et les sécrétions hormonales.

– Les femelles sont réceptives pendant la période d'ovulation, contemporaine de la période de chaleurs (ou œstrus) ; on parle de cycle œstrien. C'est à ce moment-là que la concentration en œstradiol est la plus élevée.

– Chez les mâles, la testostérone est indispensable au comportement sexuel qui est souvent déclenché par des stimuli émis par les femelles (odeurs dégagées, coloration...).

- Chez les Primates adultes Hominoïdes (Homme et grands Singes), l'influence des hormones dans le comportement sexuel diminue : les rapports sexuels se déroulent pendant une grande partie du cycle menstruel et ne sont donc pas limités à la période d'ovulation.

- L'espèce humaine est la seule où le comportement sexuel est dissocié des sécrétions hormonales.

## II Prépondérance du système de récompense dans la sexualité des Hominoïdes

- Des expériences sur des rats chez qui on a implanté des électrodes de stimulation dans certaines régions du cerveau ont montré que les rats recherchent les effets de cette stimulation en s'autostimulant de manière répétitive. On a ainsi pu montrer qu'il y a un circuit dans le cerveau qui procure du plaisir, nommé pour cette raison le système de récompense.

- Le système de récompense (**doc. 1**) comprend plusieurs régions cérébrales dont le noyau accumbens et l'aire tegmentale ventrale, reliées entre elles par des neurones qui libèrent un neurotransmetteur, la **dopamine**.

Les rats **s'autostimulent** par une petite décharge électrique. Certains y consacrent tout leur temps ; ils en oublient même de manger, ce qui aboutit à leur mort.

Quand ces neurones sont stimulés, ils libèrent de la dopamine dans plusieurs régions du cerveau, ce qui va engendrer une sensation de plaisir.

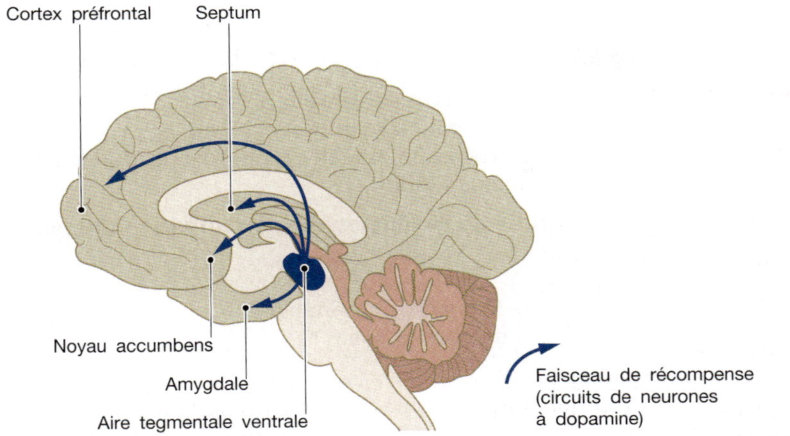


**Doc. 1. Principales régions cérébrales du système de récompense et zones de libération de la dopamine.**

- L'activité des neurones à dopamine et donc la libération de dopamine est freinée en permanence par des **neurones inhibiteurs**.
- Les neurones inhibiteurs possèdent sur leur membrane des récepteurs sur lesquels se fixe un neurotransmetteur appelé **enképhaline**. Cette fixation engendre une diminution de l'activité des neurones inhibiteurs, ce qui a pour conséquence une augmentation de libération de dopamine.
- Cette libération accrue de dopamine est à l'origine d'une sensation de plaisir.
- Le comportement sexuel de l'Homme est largement influencé par des facteurs affectifs et par le contexte culturel dans lequel il vit.
- L'orientation sexuelle (homosexualité, transexualité...) relève quant à elle de l'intimité des individus.

L'**orientation sexuelle** peut chez certaines personnes différer de l'identité sexuelle (chacun de nous est reconnu comme faisant partie du genre masculin ou du genre féminin).

# Quiz express

Vérifiez que vous avez bien retenu les points clés des **fiches 32 et 33**.

## Réalisation des phénotypes sexuels

**1 L'embryon, jusqu'à la 7e semaine de développement :**

☐ **a.** ne possède que des voies génitales mâles.
☐ **b.** possède à la fois des voies génitales mâles et des voies génitales femelles.
☐ **c.** ne possède pas de voies génitales.

**2 Le caryotype d'un individu de phénotype masculin peut comporter :**

☐ **a.** deux chromosomes X.
☐ **b.** deux chromosomes Y.
☐ **c.** un seul chromosome X et pas de chromosome Y.
☐ **d.** un chromosome X et un chromosome Y.

**3 Le chromosome Y :**

☐ **a.** permet l'évolution du phénotype dans le sens féminin.
☐ **b.** porte un gène à l'origine de la différenciation de la gonade indifférenciée en testicule.

**4 Lors du développement embryonnaire, le testicule :**

☐ **a.** sécrète à la fois des hormones mâles et des hormones femelles.
☐ **b.** ne sécrète pas encore de testostérone, mais seulement de l'AMH.
☐ **c.** sécrète de la testostérone et de l'AMH.

**5 Lors du développement embryonnaire, l'ovaire :**

☐ **a.** sécrète de l'AMH, qui a un rôle dans l'établissement du phénotype sexuel.
☐ **b.** sécrète de la testostérone et de l'AMH.
☐ **c.** ne sécrète ni testostérone ni AMH.

**6 À la puberté :**

☐ **a.** les glandes génitales vont produire des spermatozoïdes chez le garçon et des ovules chez la fille.
☐ **b.** l'ovaire ne sécrète plus d'œstradiol ni de progestérone.
☐ **c.** le testicule, chez le garçon, sécrète toujours de la testostérone et de l'AMH.

**7 Les individus ne possédant qu'un seul chromosome X :**

☐ **a.** sont de phénotype féminin.
☐ **b.** sont de phénotype masculin.
☐ **c.** sont atteints du sydrome de Turner.

FICHE 32

## Comportement sexuel et phénomènes biologiques associés

**8 Les femelles des Mammifères non Hominoïdes sont réceptives :**

- ☐ **a.** pendant la période d'ovulation.
- ☐ **b.** lorsque la concentration en œstrogènes est la plus faible.
- ☐ **c.** pendant tout le cycle menstruel.

**9 Dans l'espèce humaine, le comportement sexuel :**

- ☐ **a.** est intimement lié aux sécrétions des hormones sexuelles.
- ☐ **b.** est dissocié des sécrétions hormonales.
- ☐ **c.** est limité à la période d'ovulation.

**10 Le système de récompense :**

- ☐ **a.** fait intervenir un neurotransmetteur, la dopamine.
- ☐ **b.** a un rôle prépondérant dans la sexualité de l'Homme.
- ☐ **c.** est un circuit qui procure du plaisir et qui est situé dans les organes génitaux.
- ☐ **d.** comprend plusieurs régions situées dans le cerveau.

**11 La dopamine :**

- ☐ **a.** est un neurotransmetteur libéré par certaines zones du cerveau, comme l'aire tegmentale par exemple.
- ☐ **b.** est libérée dans plusieurs régions du cerveau, entraînant une sensation de douleur.
- ☐ **c.** est libérée dans plusieurs régions du cerveau, entraînant une sensation de plaisir.

**12 Les neurones inhibiteurs :**

- ☐ **a.** stimulent l'activité des neurones à dopamine.
- ☐ **b.** freinent la libération de la dopamine.
- ☐ **c.** possèdent sur leur membrane des récepteurs sur lesquels se fixe un neurotransmetteur, l'enképhaline.
- ☐ **d.** ont une activité qui diminue lorsque l'enképhaline se fixe sur leurs récepteurs, ce qui engendre une augmentation de libération de dopamine.

**13 La période d'ovulation des femelles non Hominoïdes :**

- ☐ **a.** est contemporaine de la période de chaleurs.
- ☐ **b.** est la période du cycle où la concentration en œstrogènes est la plus élevée.
- ☐ **c.** est la période du cycle où elles n'ont aucune activité sexuelle.

FICHE 33

**RÉPONSES**

**1.** b • **2.** b et d • **3.** b • **4.** c • **5.** c • **6.** a • **7.** a et c • **8.** a • **9.** b • **10.** a, b et d • **11.** a et c • **12.** a, c et d • **13.** a et c

# SUJET 30 | Anomalies chromosomiques

DURÉE 20 MIN

→ Fiche 32 Réalisation des phénotypes sexuels

Certains individus peuvent présenter des anomalies chromosomiques affectant les chromosomes sexuels. On cherche à comprendre l'évolution du phénotype vers le sens masculin.

## DOCUMENT Quelques anomalies chromosomiques et phénotypes associés

| | | Phénotypes | |
|---|---|---|---|
| | | **Féminin** | **Masculin** |
| **Caryotypes** | Le plus fréquent | 44 A + XX | 44 A + XY |
| | Rare | 44 A + X | 44 A + XXY |
| | Rare | 44 A + XY<br>et sans gène SRY | 44 A + XX<br>présence du gène SRY |
| | Rare | 44 A + XXX | 44 A + XYY |

**À partir du document ci-dessus, indiquer la réponse exacte et justifier votre choix.**

L'exploitation du document montre que les individus de phénotype masculin :

**a.** ont toujours un chromosome Y dans leur caryotype.
**b.** ne peuvent posséder plus d'un chromosome X.
**c.** peuvent ne pas posséder de chromosome Y, à partir du moment où ils possèdent le gène SRY sur un chromosome X.
**d.** possèdent le gène SRY, toujours porté par le chromosome Y.

### DÉMARRONS ENSEMBLE

- Il faut bien comparer les caryotypes proposés afin de déterminer ce qui est à l'origine d'un phénotype masculin.
- Il faut partir du caryotype le plus fréquent, qui est considéré comme le caryotype de référence.

## CORRIGÉ

- La bonne réponse est la réponse **c**.
- La réponse **a** est fausse. En effet, les individus de phénotype masculin n'ont pas toujours un chromosome Y dans leur caryotype. On voit, d'après le tableau, que le troisième phénotype masculin a pour caryotype : 44 A + XX, il est dépourvu de chromosome Y, mais il possède le gène SRY.
- La réponse **b** est fausse, car le deuxième phénotype masculin a pour caryotype : 44 A + XXY ; l'individu possède bien deux chromosomes X, or son phénotype est masculin.
- La réponse **d** est fausse, car le troisième phénotype est masculin malgré son absence de chromosome Y. Il possède deux chromosomes X, et on nous précise qu'il y a présence du gène SRY. Ainsi, à partir du moment où l'individu possède le gène SRY, même si celui-ci est porté par le chromosome X, cela suffit pour que l'individu soit de phénotype masculin.

Ce qui valide bien la réponse **c**.

Attention, certaines anomalies représentées sur le document peuvent ne pas avoir été étudiées en cours. Ne soyez donc pas étonnés des **caryotypes** proposés ici.

## SUJET 31 | Hormone anti-müllérienne (AMH) et développement des voies génitales

DURÉE 20 MIN

→ **Fiche 32** Réalisation des phénotypes sexuels

On cherche à montrer le rôle de l'AMH dans la mise en place des voies génitales.

Les voies génitales d'un embryon de 14 jours sont prélevées au stade indifférencié **(doc. a)** et on les laisse se développer dans un milieu de culture contenant de l'AMH **(doc. b)**.

Les canaux de Wolff sont à l'origine des voies génitales mâles, et les canaux de Müller sont à l'origine des voies génitales femelles.

**En utilisant les informations apportées par le document, rédiger un court texte expliquant le rôle de l'AMH dans la mise en place des voies génitales. Préciser le sexe de l'embryon.**

L'**AMH** est une hormone sécrétée par le testicule entre la huitième et la seizième semaine du développement embryonnaire. Son rôle est de permettre le développement d'un des deux types de canaux à l'origine des voies génitales.

DOCUMENT

## Évolution des canaux de Wolff et de Müller en présence d'AMH

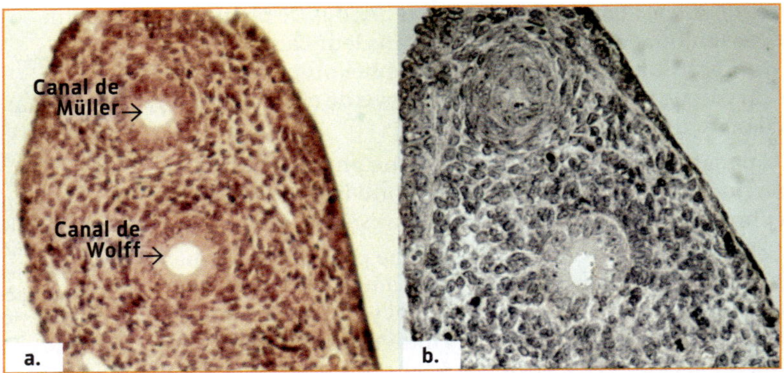


**a.** Les canaux de Wolff et de Müller en début d'expérience.
**b.** Évolution des canaux de Wolff et de Müller au bout de trois jours.

**DÉMARRONS ENSEMBLE**

- Il faut bien comparer les structures figurant sur les deux photographies.
- Vous devez faire le lien entre la présence d'AMH et l'évolution des deux types de canaux.

## CORRIGÉ

- En début d'expérience, on observe à la fois des canaux de Müller et des canaux de Wolff (photographie a). Au bout de trois jours, en présence d'AMH (photographie b), on voit que les canaux de Wolff ont persisté alors que les canaux de Müller ont régressé.
- L'AMH a donc pour rôle de faire régresser les canaux de Müller, qui sont à l'origine des voies génitales femelles.
- Ainsi, seuls les canaux de Wolff se développent, donnant les voies génitales mâles. L'individu sera donc de phénotype mâle.

# SUJET 32 | Le comportement sexuel de la rate

DURÉE 20 MIN

→ Fiche 27 Hormones ovariennes et contrôle des fonctions de reproduction
→ Fiche 33 Comportement sexuel et phénomènes biologiques associés

Lorsque la rate est réceptive, elle accepte le mâle et réagit à la monte par une incurvation du corps, appelée lordose.

Des expériences sont réalisées chez des rates castrées : on leur injecte tous les jours pendant 12 jours des œstrogènes (œstradiol), à des concentrations différentes. On observe leur comportement sexuel en mesurant le coefficient de lordose (exprimé en %).

Les hormones sexuelles (dont l'œstradiol) sont sécrétées par les ovaires chez la femelle. Une rate castrée, donc dépourvue d'ovaires, ne sécrète plus d'hormones.

## DOCUMENT Comportement sexuel chez la rate

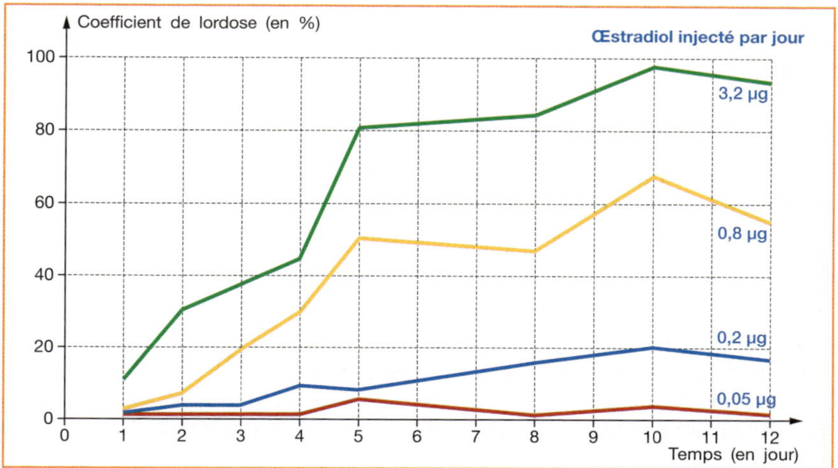


**On cherche à identifier le facteur qui contrôle le comportement sexuel chez la rate.**

**1.** Rédiger l'hypothèse émise par les chercheurs qui les a conduit à réaliser la castration des rates.

**2.** Rédiger l'hypothèse émise par les chercheurs qui les a conduit à réaliser des injections d'œstradiol chez les rates castrées.

**3.** Indiquer la réponse exacte parmi ces trois propositions.
**a.** Le comportement sexuel de la rate est indépendant de la concentration d'œstradiol.
**b.** Le comportement sexuel de la rate est lié aux variations de concentration d'œstradiol, donc au cycle hormonal.
**c.** La dose optimale d'œstradiol pour le comportement sexuel de la rate est de 0,8 µg.

**DÉMARRONS ENSEMBLE**

- Il faut bien comprendre que la lordose est ici prise comme un exemple de comportement sexuel.
- Il faut noter qu'une rate castrée ne produit pas d'œstradiol.
- Vous devez relier les variations du coefficient de lordose aux quantités d'œstradiol injectées.

## CORRIGÉ

**1.** L'hypothèse qui a conduit les chercheurs à castrer les rates est la suivante : le comportement sexuel des rates (donc le coefficient de lordose) ne se produit pas si les rates sont castrées.

**2.** L'hypothèse qui a conduit les chercheurs à réaliser des injections d'œstradiol est la suivante : l'œstradiol, hormone sécrétée par les ovaires, est responsable du comportement sexuel (donc du coefficient de lordose) des rates. La dose optimale d'œstradiol peut être évaluée.

**3.** La réponse exacte est la **b**. En effet, le comportement sexuel de la rate dépend de la concentration d'œstradiol, car le coefficient de lordose est d'autant plus élevé que la concentration d'œstradiol est importante. Donc la réponse **a** est fausse.

La dose optimale pour le comportement sexuel de la rate est de 3,2 µg, car on atteint, au 10e jour, un coefficient de lordose proche de 100 %.

LE DÉFI ÉNERGÉTIQUE

# Utilisation et gestion de l'énergie

L'Europe dans la nuit, un continent bien illuminé.

## FICHES



## BILAN



## SUJETS CORRIGÉS

# 34 Quantification des besoins énergétiques

Plus que jamais, les besoins en énergie de l'humanité sont colossaux et en progression. De nombreux analystes estiment qu'en 2050, la consommation mondiale d'énergie pourrait se trouver multipliée par deux.

## I Les différentes sources d'énergie

■ Une source d'**énergie primaire** est une forme d'énergie disponible dans la nature avant toute transformation. Cette transformation peut avoir lieu dans les centrales thermiques à combustibles fossiles, afin de produire de la chaleur ou de l'électricité, ou dans les raffineries de produits pétroliers. Les produits énergétiques livrés au consommateur final (combustibles, carburants, chaleur, électricité) font partie de ce que l'on appelle l'**énergie finale**.

■ Les origines de cette énergie primaire (doc. 1) sont multiples : fossiles (pétrole, charbon, gaz) ; uranium (source d'énergie nucléaire de fission) ; énergies renouvelables (hydraulique, solaire, éolien, biomasse, géothermie). Environ 90 % de la production mondiale d'énergie primaire provient de ressources non renouvelables.

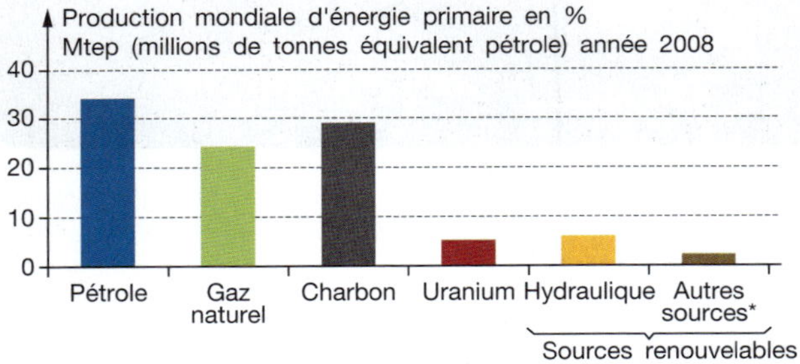


* On ne tient pas compte de la combustion directe de la biomasse car la quantité de bois utilisée est difficilement estimable.

**Doc. 1. Production mondiale d'énergie primaire.**

En France, la par[t] d'énergie produi[te] à partir de **sourc[es] renouvelables** dans la consommation d'énergi[e] finale brute étai[t] de 9,6 % en 200[.] Le Grenelle de l'environnemen[t] de 2007 fixe cet[te] part à 23 % à l'horizon 2020.

## II Les besoins en énergie dans le monde

■ Les trois principaux secteurs consommateurs d'énergie sont l'industrie, les transports et l'ensemble « résidentiel et tertiaire ». Pour ce dernier secteur, le chauffage, la climatisation, l'eau chaude sanitaire et les appareils électroménagers constituent les plus gros postes de consommation énergétique.

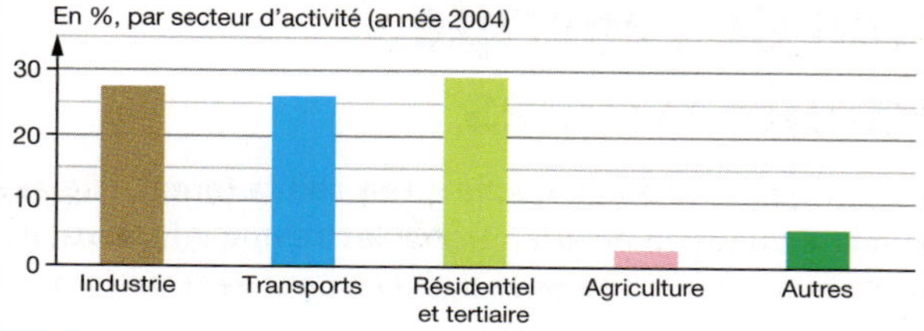


**Doc. 2. Consommation mondiale d'énergie finale.**

## III Puissance et énergie électriques

- Une lampe à incandescence, comme tous les appareils électriques, reçoit de l'**énergie électrique** qu'elle convertit ensuite en éclairage, mais aussi en chaleur. La **puissance** qu'elle consomme **(doc. 3)** correspond à la quantité d'énergie électrique qu'elle reçoit en une heure. Plus la puissance consommée par la lampe est importante, plus elle peut fournir de lumière.
- La puissance électrique s'exprime en **watt** (W).

| Puissance consommée | Appareil / installation électrique |
|---|---|
| 1 mW (0,001 W) | Montre, DEL |
| 1 W | Lampe de poche |
| 10 W | Lampe fluocompacte |
| 100 W | Lampe à incandescence |
| 1 kW (1 000 W) | Appareil électroménager |
| 1 MW (1 000 kW) | Moteur de TGV |
| 1 GW (1 000 MW) | Centrale électrique (type nucléaire) |

**Doc. 3. Quelques ordres de grandeur de puissances consommées.**

Une autre unité d'énergie fait référence dans le système international de mesures. Il s'agit du Joule : **1 Wh = 3 600 J.**

- L'énergie électrique ($E$) consommée dépend du temps ($t$) d'utilisation de l'appareil électrique. On la détermine à partir de la puissance ($P$) consommée :

$$E = P \times t$$

$E$ en wattheure (Wh) ; $P$ en watt (W) ; $t$ en heure (h).

- Une lampe à incandescence de 100 W consomme donc une énergie de 300 Wh pour 3 heures d'utilisation. Cette énergie consommée est mesurée par le compteur électrique domestique.

À efficacité lumineuse égale, une **lampe** fluocompacte consomme 5 à 6 fois moins d'énergie.

# 35 Conversion de l'énergie Centrales électriques

L'énergie désigne une capacité à agir quelle qu'en soit la forme. Elle peut mettre en mouvement, chauffer, éclairer, transmettre une information... L'énergie n'est donc pas quelque chose de figé, elle peut se transformer.

## I Les formes d'énergie et leur conversion

- Il existe différentes **formes d'énergie** : électrique, mécanique, chimique, thermique, rayonnante, nucléaire, etc.
- L'énergie ne peut ni se créer, ni se détruire, mais uniquement changer de forme. La transformation se produit dans un « convertisseur » ; elle s'accompagne inévitablement de **pertes énergétiques** ou énergie inutilisée. En passant de l'énergie primaire (disponible dans la nature) à l'énergie finale (celle que nous consommons), l'énergie suit une série de transformations et de transports : la **chaîne énergétique**.

Le rôle du **convertisseur** est de convertir l'énergie d'une forme en une autre afin de répondre à l'usage ou à l'effe recherché.

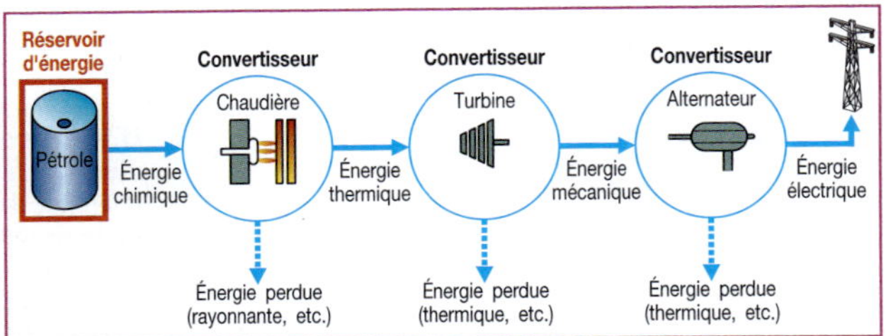


**Doc. 1. Chaîne énergétique dans une centrale à flamme.**

- La chaîne énergétique **(doc. 1)** dans une centrale thermique à flamme présente pour les unités les plus performantes, un rendement voisin de 45 %. La plus grande partie de l'énergie initiale (présente dans le réservoir énergétique : charbon, pétrole, etc.) reste inutilisée : elle est donc perdue.
- L'électricité représente près de 20 % de l'énergie finale mondiale utilisée par le consommateur. Elle est omniprésente dans nos sociétés industrialisées car elle constitue un moyen facile et efficace de transférer de l'énergie d'un endroit à un autre (même sur des milliers de kilomètres) ; elle permet aussi de satisfaire les besoins élémentaires de nos sociétés : lumière et télécommunications, chaleur, mouvement, etc.

- L'énergie électrique est générée dans les centrales électriques : les centrales thermiques à combustibles fossiles ou nucléaires, les centrales hydroélectriques, solaires et éoliennes.

## II Fonctionnement des centrales électriques thermiques

- Dans une centrale à flamme, la chaleur provient de la combustion de charbon, de pétrole ou de gaz (doc. 1).

– La **turbine** transforme la force d'un fluide chaud (vapeur d'eau, gaz de combustion, etc.) en mouvement de rotation.

– L'**alternateur** convertit l'énergie mécanique de la turbine en énergie électrique.

- Dans une centrale nucléaire (doc. 2), la chaleur est fournie par la **fission nucléaire**. L'uranium 235 donne, sous l'impact d'un neutron, deux noyaux plus légers (par exemple le strontium 94 et le xénon 140) selon l'équation nucléaire :

$$^{235}_{92}\mathrm{U} + ^{1}_{0}\mathrm{n} \rightarrow ^{94}_{38}\mathrm{Sr} + ^{140}_{54}\mathrm{Xe} + 2\,^{1}_{0}\mathrm{n}$$

- Des recherches sont menées sur l'exploitation de la **fusion nucléaire**. Lors de cette réaction, deux noyaux isotopes de l'hydrogène, le deutérium (hydrogène 2) et le tritium (hydrogène 3), fusionnent en un noyau (plus lourd) d'hélium selon l'équation nucléaire :

$$^{2}_{1}\mathrm{H} + ^{3}_{1}\mathrm{H} \rightarrow ^{4}_{2}\mathrm{He} + ^{1}_{0}\mathrm{n}$$

Dans une **centrale nucléaire**, on retrouve le principe de fonctionnement d'une centrale à flamme ; seul le moyen de produire la vapeur d'eau sous pression est différent.

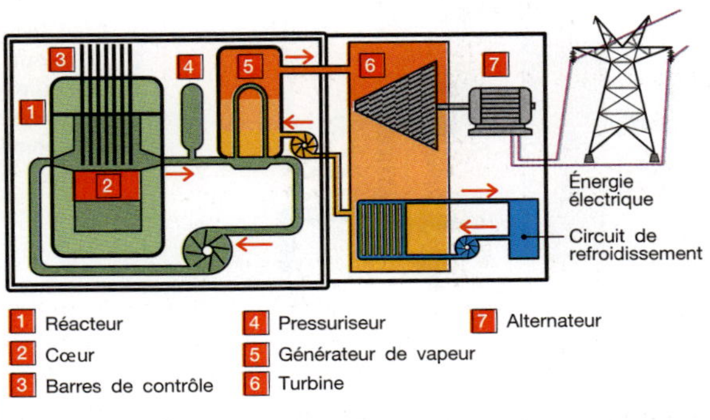


**Doc. 2. Centrale nucléaire à eau pressurisée.**

# 36 Transport et stockage de l'énergie Gestion des déchets radioactifs

**Les besoins croissants en énergie, l'épuisement des ressources fossiles et les multiples atteintes environnementales poussent nos sociétés à mieux gérer la consommation d'énergie et à promouvoir d'autres modèles de développement énergétique.**

## I Transport et stockage de l'énergie

- Souvent, les sites de production et de consommation d'énergie sont géographiquement (très) éloignés. Le transport et le stockage de l'énergie représentent donc des enjeux importants pour le secteur énergétique.
- La relative facilité de stockage et de transport, sur de très grandes distances, des combustibles fossiles a été un des moteurs du développement industriel des deux derniers siècles, même si le transport du charbon et le stockage du gaz naturel n'ont pas été sans poser certaines difficultés.
- L'électricité ne se stocke pas, sauf de manière très ponctuelle dans des condensateurs ou, par « stockage chimique », dans des batteries. Sa production doit donc s'adapter constamment aux variations de la demande. Contrairement au charbon et au pétrole, l'électricité n'est pas une source primaire d'énergie ; elle sert de **vecteur énergétique**, c'est-à-dire qu'elle permet l'acheminement efficace d'énergie – le meilleur à ce jour – d'un point à un autre.

La **batterie électrique** est le dispositif clé des voitures électriques. Elle influe directemen[t] sur les performances et l'autonomie de ce type de voiture. À ce jour, elle demeure lourde, coûteuse, et son autonomie reste limitée.

- Un autre vecteur énergétique (trop tributaire du raffinage du pétrole, aujourd'hui) attend son heure, en particulier dans les secteurs du transport et de la production d'électricité : l'hydrogène. L'énergie chimique emmagasinée dans l'hydrogène peut, en effet, permettre la production d'énergie électrique et d'énergie thermique grâce à l'utilisation de la **pile à combustible (doc.1)**.

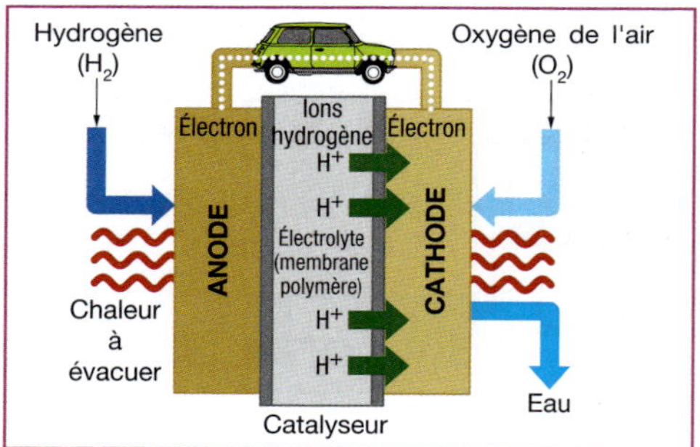


**Doc. 1. La pile à combustible.**

## II La gestion des déchets radioactifs

■ La radioactivité est un phénomène naturel qui consiste en l'éclatement, la **désintégration**, du noyau instable d'un atome en un autre noyau avec émission de rayonnements **(doc. 2)**. Un tel atome est nommé **radioélément**.

| Nom | Nature | Caractéristiques | Moyens de protection |
|---|---|---|---|
| Rayons $\alpha$ | Noyaux d'hélium | Très peu pénétrants, issus de la désintégration de noyaux lourds. | Simple feuille de papier. |
| Rayons $\beta$ | Électrons ($\beta^-$)<br>Positons ($\beta^+$) | Moyennement pénétrants, ils traversent les couches superficielles de la peau. | Feuille d'aluminium de quelques mm. |
| Rayons $\gamma$ | Rayonnement électromagnétique de haute fréquence | Accompagnent la radioactivité $\alpha$ et $\beta$.<br>Très pénétrants. | Grandes épaisseurs de plomb, de béton… |

**Doc. 2. Les différents rayonnements.**

■ L'**activité** d'un radioélément traduit sa « vitesse de désintégration » ou nombre de désintégrations par seconde. Son unité est le **becquerel**.

**1 becquerel (Bq) = 1 désintégration par seconde**.

■ Cette activité diminue avec le temps du fait de la disparition progressive des noyaux instables. La désintégration d'un noyau donné est un phénomène aléatoire ; cependant, on peut définir pour chaque radioélément, une période radioactive ou **demi-vie** **(doc. 3)**. Elle correspond au temps nécessaire pour que la moitié des noyaux radioactifs se désintègrent naturellement.

Lorsqu'un être vivant meurt, le carbone qu'il contient est piégé. Seule la proportion de carbone 14 – isotope radioactif dont la **période radioactive** est de 5 730 ans – va diminuer. La proportion de $^{14}C$ restante dans un échantillon permettra donc sa datation.

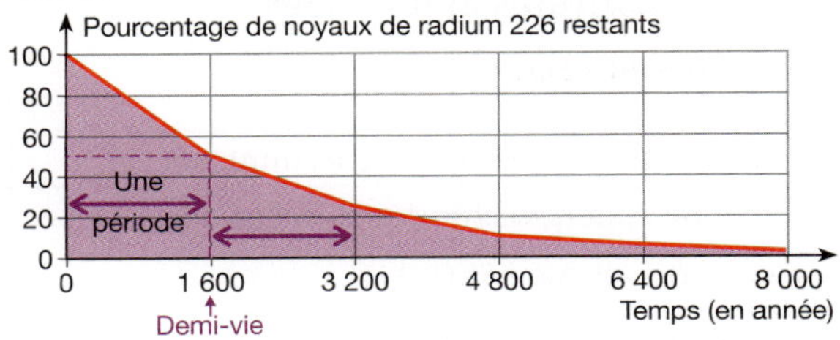


**Doc. 3. Courbe de décroissance radioactive du radium 226.**

# Quiz express

Vérifiez que vous avez bien retenu les points clés des **fiches 34 à 36**

## Quantification des besoins énergétiques

**1 La consommation énergétique mondiale :**

- ☐ **a.** augmente sans cesse et pourrait encore doubler d'ici 2050.
- ☐ **b.** se stabilise aujourd'hui grâce aux économies d'énergie.
- ☐ **c.** est équitablement répartie sur la planète.
- ☐ **d.** est plus importante dans les pays développés.

**2 Classer, dans le bon ordre, les appareils et les installations électriques selon leur puissance électrique.**

| | |
|---|---|
| ☐ **a.** pile de montre | ☐ **1.** 1 gigawatt |
| ☐ **b.** réacteur nucléaire | ☐ **2.** 1 mégawatt |
| ☐ **c.** lampe fluocompacte | ☐ **3.** 1 kilowatt |
| ☐ **d.** aspirateur | ☐ **4.** 10 watts |
| ☐ **e.** moteur de T.G.V | ☐ **5.** 1 milliwatt |

**3 Vrai ou faux ? Cocher la bonne case.**

| | VRAI | FAUX |
|---|---|---|
| **a.** L'énergie peut s'exprimer en wattheure (Wh). | ☐ | ☐ |
| **b.** La puissance électrique consommée par un appareil dépend du temps d'utilisation. | ☐ | ☐ |
| **c.** La relation entre puissance et énergie électriques est donnée par $E = P \times t$. | ☐ | ☐ |

FICHE 34

## Conversion de l'énergie – Centrales électriques

**4 Vrai ou faux ? Cocher la bonne case.**

| | VRAI | FAUX |
|---|---|---|
| **a.** Une pile convertit de l'énergie électrique en énergie chimique. | ☐ | ☐ |
| **b.** Une chaudière convertit de l'énergie chimique en énergie thermique. | ☐ | ☐ |
| **c.** L'électricité est un moyen peu efficace de transférer de l'énergie. | ☐ | ☐ |
| **d.** On ne peut produire de l'électricité qu'avec un alternateur. | ☐ | ☐ |

**5 Retrouver les termes manquants de la chaîne énergétique d'une centrale nucléaire (schéma ci-dessous).**

☐ **a.** énergie mécanique ☐ 1
☐ **b.** énergie thermique ☐ 2
☐ **c.** réservoir d'énergie ☐ 3
☐ **d.** convertisseur d'énergie ☐ 4

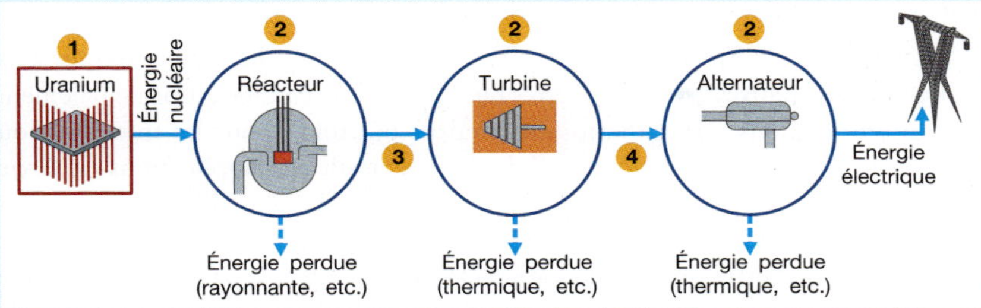


**6 La réaction de fission dans le cœur d'une centrale nucléaire est due :**

☐ **a.** à un éclatement spontané d'un noyau atomique instable.
☐ **b.** à une collision entre deux noyaux atomiques radioactifs.
☐ **c.** à un impact entre un neutron et un noyau atomique.

FICHE 35

## Transport et stockage de l'énergie – Gestion des déchets radioactifs

**7 L'électricité se stocke facilement :**

☐ **a.** oui ☐ **b.** non ☐ **c.** cela dépend des fois.

**8 La durée nécessaire pour que la moitié des noyaux radioactifs se désintègrent définit :**

☐ **a.** la période radioactive
☐ **b.** l'activité
☐ **c.** la décroissance radioactive
☐ **d.** la demi-vie

FICHE 36

RÉPONSES

• **5.** a4 - b3 - c1 - d2 • **6.** c • **7.** b • **8.** a et d

**1.** a et d • **2.** a5 - b1 - c4 - d3 - e2 • **3.** a. Vrai, b. Faux, c. Vrai • **4.** a. Faux, b. Vrai, c. Faux, d. Faux.

# SUJET 33 | Des besoins énergétiques

DURÉE 25 MIN

→ Fiche 34 Quantification des besoins énergétiques

## DOCUMENT 1 De l'énergie : pour quoi faire ?

L'énergie est indispensable au développement économique de l'humanité et à l'élévation du niveau de vie des êtres humains. Cette énergie est principalement consommée sous forme thermique (chaleur ou froid), pour les transports ou pour produire de l'électricité utilisée dans de multiples applications de la vie courante. La nourriture est aussi une forme d'énergie mais elle n'est pas comptabilisée dans les bilans énergétiques. C'était la source principale d'énergie de l'Homme primitif dont l'alimentation était beaucoup plus pauvre que celle que nous avons aujourd'hui dans les pays développés. Le contenu énergétique de la nourriture ne représente plus aujourd'hui que de l'ordre de 5 % de l'énergie consommée au niveau mondial.
Il faut environ 2,70 kWh de nourriture par jour pour assurer le métabolisme de base d'un être humain moyen. Cela correspond à une puissance moyenne de 110 W, soit celle d'une lampe à incandescence assurant un bon éclairage dans une pièce. Cela montre la grande efficacité énergétique des êtres vivants.

Christian Ngô, *Sources d'énergie hors nucléaire* © Éditions T.I., Techniques de l'ingénieur
http://www.techniques-ingenieur.fr/

## DOCUMENT 2 Production mondiale d'énergie primaire en 2008

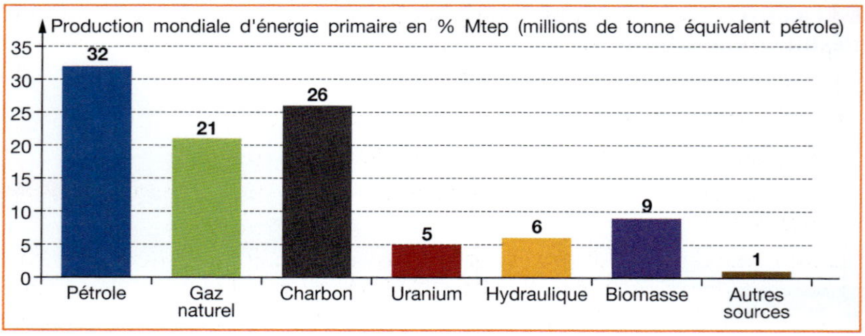

**1.** Dans le document 1, qu'est-ce qui permet au lecteur de se rendre compte que la consommation d'énergie mondiale a considérablement augmenté depuis l'époque de l'Homme primitif ?

**2.** Écrire en toutes lettres l'unité « kWh » citée dans le document 1. Est-ce une unité de puissance ou d'énergie ?

**3.** En utilisant vos connaissances, justifier la phrase de texte : « Il faut environ 2,70 kWh de nourriture par jour pour assurer le métabolisme de base d'un être humain moyen. Cela correspond à une puissance moyenne de 110 W… »

**4.** Classer les énergies primaires du document 2 en deux catégories, puis déterminer la proportion d'énergies renouvelables.

**DÉMARRONS ENSEMBLE**

**1.** Repérez, dans le document 1, la principale source d'énergie de l'Homme primitif, puis commentez l'évolution de la part de cette source dans la consommation énergétique mondiale au fil du temps.
**2.** Utilisez vos connaissances sur les notions de puissance et d'énergie.
**3.** Rappelez la relation entre énergie et puissance, puis déterminez l'énergie électrique consommée par la lampe à incandescence pendant un jour complet.
**4.** Répartissez les sources d'énergie dans la catégorie énergies renouvelables ou non. Ce classement nécessite de définir ce qu'est une énergie renouvelable.

## CORRIGÉ

**1.** Il est de coutume de ne pas inclure la nourriture dans les sources d'énergie. Chez l'Homme primitif, elle est pourtant la principale source énergétique. Aujourd'hui, alors que l'Homme a globalement une alimentation bien plus riche, la part relative de celle-ci dans la consommation énergétique mondiale est faible, preuve de besoins énergétiques colossaux et sans cesse en augmentation.

L'Homme occidental d'aujourd'hui dépense 50 à 100 fois plus d'énergie que l'**Homme primitif**.

**2.** kWh est l'abréviation de **kilowattheure** qui est une **unité d'énergie**.

**3.** Énergie et puissance électriques sont liées par la relation $E = P \times t$.

La puissance $P$ est en watt (W), la durée $t$ en heure (h), et l'énergie $E$ en watt-heure (Wh).

Dans le document 1, $P = 110$ W et $t = 24$ h ; ce qui fait que l'énergie consommée par la lampe vaut $E = 110 \times 24 = 2640$ Wh, c'est-à-dire **2,64** kWh. Ceci est très proche des 2,70 kWh nécessaires au métabolisme quotidien de base de l'Homme.

**4.** La biomasse, l'énergie hydraulique et les autres sources – c'est-à-dire la géothermie, l'énergie éolienne et l'énergie solaire – sont des sources renouvelables d'énergie. Elles représentent **16 %** de la production mondiale d'énergie primaire. Elles ne s'épuisent pas contrairement aux sources d'énergie non renouvelables (pétrole, charbon, gaz naturel et uranium).

→ fiche 39

## SUJET 34 | La cogénération : une meilleure efficacité énergétique

DURÉE 25 MIN

→ **Fiche 35** Conversion de l'énergie – Centrales électriques

### DOCUMENT 1 Principe de la cogénération

La cogénération permet, à partir d'un seul combustible, la production simultanée d'énergie thermique (chaleur) et d'énergie mécanique. La chaleur est récupérée dans un échangeur thermique pour le chauffage et l'eau chaude sanitaire. L'énergie mécanique produite par une turbine est transformée en énergie électrique grâce à un alternateur. Les installations de cogénération ont un rendement énergétique meilleur que les centrales thermiques classiques, mais elles doivent se situer à proximité des lieux de consommation pour éviter les pertes durant le transport de chaleur.

### DOCUMENT 2 Schéma de la cogénération

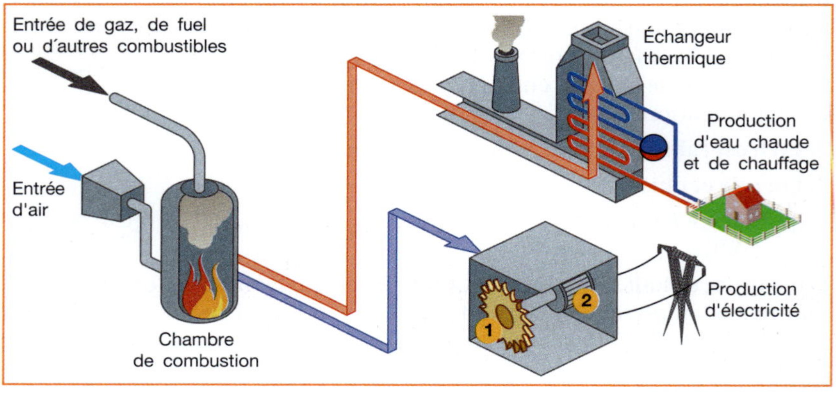

**1.** Quelle est la fonction principale d'une centrale thermique ?

**2.** Donner le nom de l'élément ① représenté sur le document 2 :
**a.** le rotor **c.** la turbine
**b.** la roue **d.** l'hélice

**3.** L'élément ② est un alternateur. C'est un convertisseur d'énergie. À l'aide du document 2 et de vos connaissances, compléter la légende du schéma présenté ci-contre.

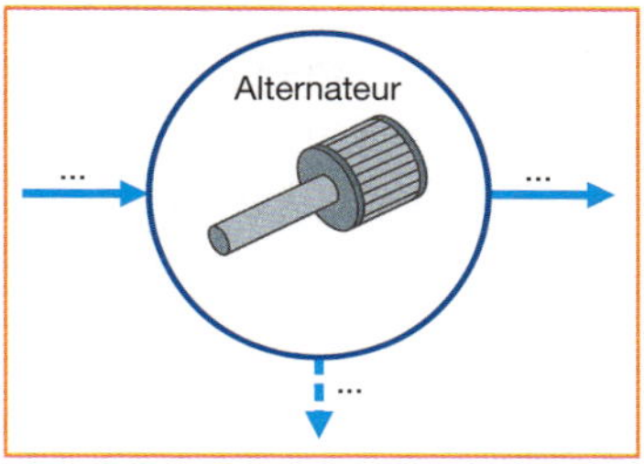


**4.** Quelle particularité une installation de cogénération présente-t-elle par rapport à une centrale thermique classique ?

**5.** Quel est l'inconvénient principal de ce type d'installation ?

**6.** Une centrale thermique classique a un rendement voisin de 45 % alors qu'une usine de cogénération a un rendement deux fois meilleur. Quelle énergie utile est-on en droit d'attendre avec la cogénération si l'énergie consommée à l'entrée vaut 200 MWh ?

### DÉMARRONS ENSEMBLE

**1.** Appuyez-vous sur les données du document 1 ainsi que sur vos connaissances du fonctionnement des centrales électriques thermiques.
**2** et **3.** Les éléments ① et ②, sont les pièces maîtresses des centrales électriques : l'élément ① transforme la force d'un fluide chaud en mouvement rotatif, lui-même converti en électricité par l'élément ②. Dans cette chaîne énergétique, il y a inévitablement de l'énergie inutilisée.
**4** et **5.** Une lecture attentive du document 1 vous permettra de repérer l'intérêt et l'inconvénient de la cogénération.
**6.** Le rendement énergétique $R$ est défini par : $R = \frac{\text{énergie utile}}{\text{énergie consommée}}$.

## CORRIGÉ

**1.** Une centrale thermique a pour fonction de **produire de l'électricité à partir d'une source de chaleur**. Celle-ci peut être générée par combustion de fioul, de charbon, de gaz ou de déchets divers (industriels, agricoles ou ménagers) ou encore par fission nucléaire.

**2.** Réponse **c**. L'élément qui convertit la force d'un fluide chaud en mouvement s'appelle une turbine.

Une **turbine** est également un convertisseur d'énergie.

**3.** Conversion énergétique réalisée dans un alternateur.

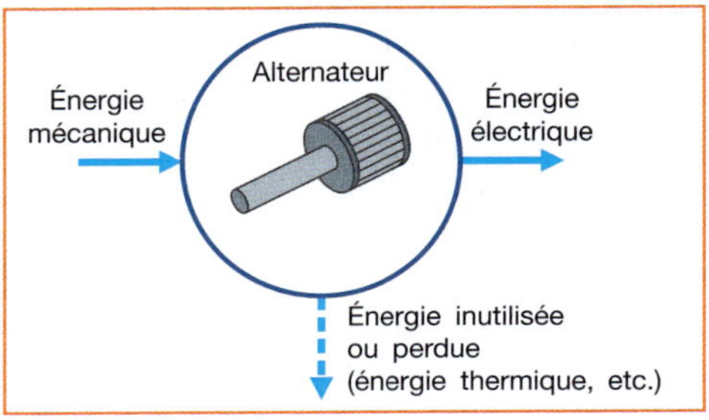


Dans la chaîne **énergétique**, rien ne disparaît, tout se transforme en énergie utile ou non.

**4.** Une installation de cogénération **produit conjointement de l'électricité et de la chaleur,** la chaleur servant par exemple à alimenter une installation industrielle, un réseau urbain de chauffage ou d'eau chaude.

**5.** La contrainte principale de la cogénération est que l'installation doit être proche du lieu d'utilisation, car le transport de chaleur s'accompagne de pertes d'énergie énormes.

**6.** Le rendement de la cogénération est de 90 % ou encore $R = 0,9$. L'énergie utile attendue pour une énergie consommée de 200 MWh est donc de :

$$E_{\text{utile}} = R \times E_{\text{consommée}} = 0,9 \times 200 = 180 \text{ MWh} = 180\,000\,000 \text{ Wh}.$$

# SUJET 35 | La pile à hydrogène : l'énergie du futur ?

DURÉE 25 MIN

→ **Fiche 36** Transport et stockage de l'énergie – Gestion des déchets radioactifs

## DOCUMENT 1 En 2020, la voiture crachera de l'eau pure

Sur le papier, il suffit de mélanger de l'hydrogène avec l'oxygène de l'air pour obtenir simultanément l'électricité nécessaire au moteur de votre voiture et la chaleur pour réchauffer son habitacle. Et le pot d'échappement ne recrache que de la vapeur d'eau !

Sous le capot, le schéma est un peu plus complexe. L'hydrogène alimente en fait une pile à combustible dont la mission est de recharger en permanence les

batteries de votre voiture électrique. « C'est la solution idéale », explique-t-on chez Michelin, qui s'investit désormais dans la mobilité électrique. [...]
Pour l'heure, le coût d'une pile à combustible approche les 50 000 euros, ce qui renchérit d'autant le prix de la voiture ! Mais il devrait tomber à 3 500 euros à l'horizon 2020 avec une vraie production en série. [...]
Reste aussi à produire de l'hydrogène propre. « Si notre stratégie est orientée vers le véhicule électrique, nous travaillons depuis longtemps sur les voitures à hydrogène », explique Jacques Hébrard, directeur du projet $CO_2$-environnement chez Renault. « Et, à l'heure actuelle, nous constatons que le bilan carbone d'une pile à combustible est de 120 g/km de $CO_2$ alors que celui d'une voiture électrique n'est que de 60 g/km. » Mais tout va très vite : Air Liquide s'est engagé à produire 50 % d'hydrogène décarboné d'ici à 2020.

J.-P. Lagarde, *En 2020, la voiture crachera de l'eau pure*, Liberation.fr, 30 septembre 2012.

## DOCUMENT 2 De l'hydrogène pour les facteurs

D'ici peu, 25 % des utilitaires légers de La Poste seront électriques, soit plus de 10 000 véhicules. Mais le groupe regarde plus loin et explore d'autres pistes en matière d'énergie, notamment l'hydrogène.
Dans le cadre du projet européen MobyPost, La Poste s'est entourée d'une dizaine de partenaires industriels et universitaires pour explorer cette voie. L'idée, ambitieuse, étant de tester un modèle de distribution du courrier quasiment autonome en énergie. Pour cela, l'hydrogène est utilisé comme un vecteur d'énergie et permet le transfert « du Soleil à la roue ». Plus précisément, le centre de distribution du courrier est équipé d'ombrières solaires. L'électricité produite alimente un électrolyseur qui va à son tour produire de l'hydrogène. Toutefois, si l'ensoleillement est insuffisant, il fera appel au réseau électrique général.

B. Solivellas, *De l'hydrogène pour les facteurs*, site www.cnetfrance.fr, 22 novembre 2012.

**1.** Faire appel à vos connaissances et entourer dans la liste suivante les carburants automobiles d'origine fossile :

essence - éthanol - gazole - hydrogène - diester - GPL (gaz de pétrole liquéfié).

**2.** Pour les carburants d'origine fossile, rappeler les deux produits principaux qui se forment lors de leur combustion. Quelle conséquence cette combustion a-t-elle sur le climat ?

**3.** Quel est le principal intérêt de la pile à combustible ? Quels sont les freins actuels à son utilisation à grande échelle ?

**4.** L'hydrogène (ou dihydrogène) utilisé dans la pile à combustible est un vecteur énergétique : qu'est-ce que cela signifie ?

**DÉMARRONS ENSEMBLE**

**1.** Définissez ce qu'est un carburant d'origine fossile. Repérez ensuite dans la liste les carburants de cette catégorie.
**2.** Mobilisez vos connaissances sur les combustions : produits de réaction chimique, intérêts, impacts environnementaux, etc.
**3.** Les arguments sont présentés dans le document 1, tant pour l'intérêt de la pile à combustible que pour les freins à sa généralisation. Vous pourrez compléter la réponse en exploitant vos connaissances personnelles sur le sujet.
**4.** Le document 2 vous met sur la voie. Distinguez bien source d'énergie et vecteur énergétique.

## CORRIGÉ

**1.** Les carburants d'origine fossile proviennent de la lente fossilisation de la matière organique dans le sous-sol terrestre. Ils sont le plus souvent issus du pétrole. On trouve dans cette catégorie l'essence, le gazole et le GPL (gaz de pétrole liquéfié).

**2.** La combustion des sources d'énergie fossile génère, entre autres, de l'eau et du dioxyde de carbone. Le dioxyde de carbone ainsi rejeté dans l'atmosphère amplifie l'effet de serre entraînant un réchauffement climatique aux multiples conséquences (fonte de la banquise, bouleversement du cycle de l'eau, disparition de certaines espèces...).

**3.** Le seul produit chimique rejeté par la pile à combustible est l'eau. Son fonctionnement n'amène donc aucun rejet de dioxyde de carbone.

Les principaux freins au développement de cette technologie résident dans le coût très élevé de la pile, la production de dihydrogène (il y a principalement deux manières de produire du dihydrogène : par reformage du pétrole et par électrolyse de l'eau, très gourmande en énergie) et le bilan global carbone loin d'être nul, du fait de la fabrication de la pile et de la production du dihydrogène nécessaire à son fonctionnement.

**4.** Le dihydrogène n'est pas une source d'énergie parce qu'il n'existe pas à l'état naturel. Il faut le synthétiser (voir question précédente). On l'utilise comme vecteur énergétique – au même titre que l'électricité – car il permet de transporter l'énergie d'un point à un autre et de la stocker.

Le **stockage de l'électricité** est problématique d'où l'intérêt d'utiliser l'hydrogène.

LE DÉFI ÉNERGÉTIQUE

# Les ressources énergétiques disponibles

L'éolien offshore en développement au large les côtes françaises.

## FICHES



## BILAN



## SUJETS CORRIGÉS

# 37 Les énergies fossiles : utilisations et empreinte environnementale

Intimement liées à la révolution industrielle du XIXe siècle et au développement industriel actuel, les sources d'énergies fossiles ont longtemps été une aubaine pour l'humanité.

## I De leur origine à leurs utilisations

■ Les sources d'énergies fossiles (principalement le charbon, le gaz naturel, le pétrole) résultent d'une lente **fossilisation**, sur plusieurs millions d'années, des débris organiques. Elles sont en quantités limitées et non renouvelables. On estime les réserves actuelles à environ 40 à 50 ans pour le pétrole, 60 à 70 ans pour le gaz et 150 à 200 ans pour le charbon.

Le **gaz naturel** peut être conventionnel (associé au pétrole ou pas) ou non conventionnel (gaz de schiste, gaz de charbon, etc.). Il est principalement constitué de méthane, le plus léger des hydrocarbures.

■ Depuis l'Antiquité, le charbon est utilisé pour se chauffer. L'essor industriel lui a ouvert d'autres utilisations : les industries sidérurgiques le mélangent avec le fer pour produire de la fonte et de l'acier ; les industries de la carbochimie utilisent ses dérivés pour de nombreuses synthèses (médicaments, parfums, colorants, engrais, plastiques, etc.). Le gaz naturel et le pétrole ont aussi de nombreuses utilisations : chauffage, production d'électricité, matières premières des industries pétrochimiques et du raffinage **(doc. 1)**.

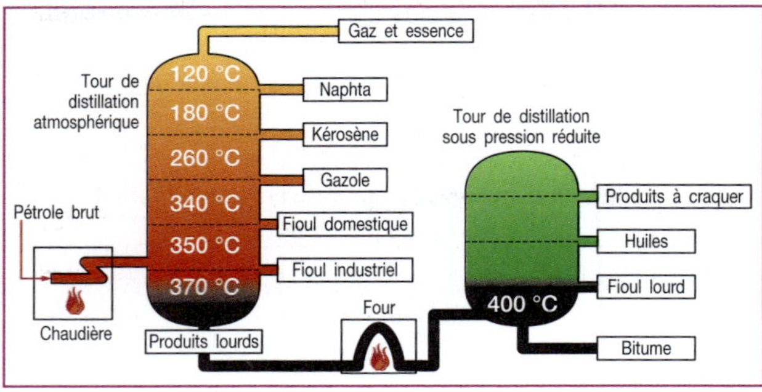


**Doc. 1. Raffinage d'un pétrole brut.**

## II Combustion des sources d'énergies fossiles

Leur combustion, dans les véhicules à moteur par exemple, ou dans les centrales thermiques, produit un certain nombre de dérivés :

– de l'eau et du dioxyde de carbone se forment en effet lors de la combustion d'**hydrocarbures** (molécules carbonées et hydrogénées) comme le fuel, l'essence ou le gaz naturel ;

– du dioxyde de soufre $SO_2$ est produit par la combustion du fuel, du gasoil ou encore du charbon dans l'industrie, pour le chauffage domestique ou dans les véhicules Diesel ;

– des oxydes d'azote $NO_x$ sont émis par les moteurs lors des combustions à hautes températures ;

– des particules en suspension sont produites par la combustion industrielle, le chauffage et les véhicules Diesel.

## III La pollution atmosphérique

■ Schématiquement, on peut répartir les polluants atmosphériques en deux groupes : les gaz (90 % en masse des polluants rejetés dans l'atmosphère) et les particules solides. Les principaux agents de cette pollution sont la production et l'utilisation d'énergie. On les rencontre principalement en milieu urbanisé et dans les zones d'activité, non seulement par suite de concentration des industries et des foyers domestiques, mais aussi à cause de la circulation des véhicules à moteur.

■ De la présence de ces polluants découlent de multiples atteintes sanitaires et environnementales :

– Le **dioxyde de soufre** est un composant de la formation des **pluies acides** nuisibles aux écosystèmes (dépérissement des forêts, atteintes aux lacs) ainsi qu'au patrimoine architectural (attaque des monuments en calcaire). Sa réduction passe par une désulfuration des combustibles (lors du raffinage) ou des fumées d'origine industrielle (au moyen de filtres).

– Les **oxydes d'azote** entraînent des inflammations respiratoires et augmentent la sensibilité aux attaques microbiennes. Ils participent aussi à la formation de l'ozone $O_3$ dans la basse atmosphère, gaz particulièrement nocif (pour les voies respiratoires notamment). Le recours au pot catalytique sur les véhicules à essence en limite les émissions.

– Le **dioxyde de carbone** n'est pas toxique en soi, mais son excès est une pollution car il participe de manière importante au réchauffement climatique. C'est un **gaz à effet de serre** (GES). Le protocole de Kyoto, ratifié en 1999, établit un calendrier de réduction des émissions de ce gaz.

> En France, la **loi sur l'air** de 1996 reconnaît à chacun le droit de respirer un air qui ne nuise pas à sa santé. Aussi, le Code de l'environnement prévoit-il une surveillance de la qualité de l'air sur l'ensemble du territoire.

→ rabats

# 38 L'énergie nucléaire

**L'augmentation du prix des énergies fossiles et le souhait d'une meilleure indépendance énergétique, comme des rejets nuls en dioxyde de carbone, poussent les États à choisir la voie de l'énergie nucléaire.**

## I À l'origine de l'énergie, le noyau atomique

- Les centrales nucléaires utilisent l'énergie libérée lors de la transformation du noyau de l'atome d'uranium : on parle de **réaction de fission nucléaire**.
- Un **élément chimique** comme l'uranium est constitué d'un noyau autour duquel gravite un nuage électronique. Le noyau atomique est fait de nucléons de deux types : les **protons**, particules chargées positivement, et les **neutrons**, de charge nulle. Le nombre de protons $Z$ (ou numéro atomique) caractérise l'élément chimique. L'uranium, par exemple, contient systématiquement $Z = 92$ protons.
- Dans la nature, les noyaux d'uranium ne sont pas tous identiques : certains contiennent 238 nucléons (plus de 99 % des cas), d'autres 235 (0,7 % des cas) : ceci provient d'un nombre de neutrons différent. On dit que l'uranium 238 (d'écriture symbolique $^{238}_{92}U$) et l'uranium 235 ($^{235}_{92}U$) sont des **isotopes**.
- L'uranium 235 est **fissile**, on l'utilise donc comme combustible dans les réacteurs nucléaires.

## II La fission nucléaire

- Un noyau fissile est un noyau qui peut se scinder en noyaux plus légers sous l'impact d'une particule projectile. Cette fission nucléaire libère de l'énergie ainsi que d'autres particules projectiles qui vont, à leur tour, casser d'autres noyaux fissiles et ainsi de suite **(doc. 1)**. On parle de réactions en chaîne.

Dans un réacteur nucléaire, ces **réactions en chaîne** doivent être contrôlées pour ne pas aboutir à un emballement du réacteur. On utilise des barres de contrôle en bore ou en cadmium pour absorber l'excès de neutrons.

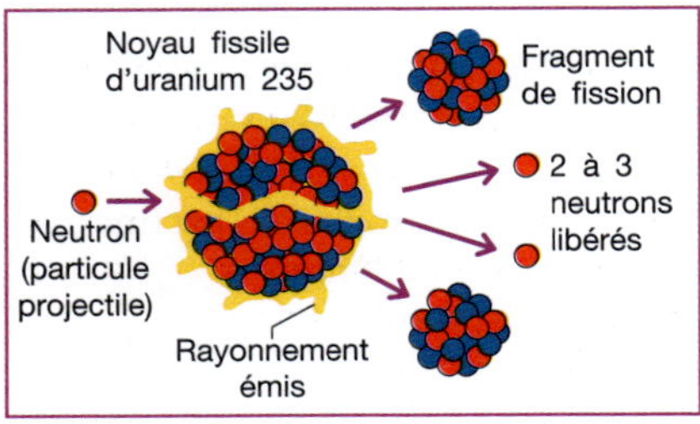


**Doc. 1. Mécanisme de la fission de l'uranium.**

## III Le combustible nucléaire

Plus de 30 % des **réserves mondiales** prouvées d'uranium se trouvent en Australie, 12 % au Kazakhstan, 10 % au Canada…

■ L'uranium utilisé dans les centrales nucléaires provient de minerais présents dans l'écorce terrestre **(doc. 2)**. Relativement répandus, ces minerais sont exploitables si la teneur en uranium est supérieure à 1 ou 2 kg par tonne extraite. Ils nécessitent un traitement de concentration pour rendre le transport rentable.

■ Au rythme de la demande actuelle, les réserves mondiales identifiées d'uranium permettraient de couvrir plus de 70 ans de consommation.

**Doc. 2. Uranium.**
**a.** Minerai d'uranium.
**b.** Concentré d'uranium ou yellow-cake.

■ Pour pouvoir être utilisé, par exemple dans un réacteur à eau pressurisée, le combustible fissile doit contenir de 3 à 5 % d'uranium 235. Un enrichissement de l'uranium naturel par diffusion gazeuse ou par centrifugation est donc nécessaire. Ces procédés sont très minutieux sur le plan technique et souvent très énergivores. La chaleur produite est le plus souvent transformée en électricité. 78 % de la production d'électricité en France est d'origine nucléaire pour, en moyenne, 35 % dans l'Union européenne.

→ fiche 35

■ La technologie employée dans les réacteurs, en fonctionnement ou en construction, ne valorise que très peu le potentiel énergétique de l'uranium. La recherche-développement travaille donc à élargir ce potentiel par la mise en place future (vers 2040) de réacteurs dits de quatrième génération (réacteurs à neutrons rapides par exemple). À plus long terme, on envisage aussi la possibilité de produire de l'électricité à partir de réactions de fusion nucléaire (projet international ITER).

→ fiche 39

# 39 Les énergies renouvelables

**Face à la raréfaction annoncée des sources d'énergies fossiles et fissiles, aux enjeux environnementaux, à l'augmentation de la demande mondiale d'énergie, les énergies renouvelables constituent une autre voie possible.**

## I Les différentes sources d'énergie renouvelable

Une énergie est **renouvelable** si elle est produite à partir d'une source qui se régénère suffisamment rapidement pour être considérée comme inépuisable à l'échelle humaine. Une bonne gestion de la ressource est parfois un élément à prendre en compte dans cette définition (utilisation du bois-énergie notamment). Les différentes ressources renouvelables sont :

– **La biomasse**. Dans le secteur de l'énergie, ce terme désigne toute matière organique animale ou végétale susceptible de dégager force ou chaleur, par combustion directe (bois) ou après transformations : transformation par méthanisation de déchets ménagers fermentescibles, de boues d'épuration, de lisiers pour l'obtention du biogaz ou transformation de différentes cultures (colza, canne à sucre, palmier à huile, tournesol, etc.) pour l'obtention de biocarburants : diester et éthanol.

– **Le Soleil.** En moyenne, la surface de la Terre reçoit une puissance de 170 W/m$^2$ due au rayonnement solaire : en théorie, cela suffirait à couvrir plus de 10 000 fois les besoins énergétiques mondiaux actuels. Cette énergie disponible est toutefois inégalement répartie et soumise aux variations saisonnières. Différentes exploitations sont possibles : le « solaire passif » (baies vitrées dans les bâtiments), le « solaire actif thermique » (panneaux de production d'eau chaude sanitaire), le « photovoltaïque » (panneaux de production d'électricité) ou le « thermodynamique » (centrale électrique Thémis dans les Pyrénées-Orientales).

> Une colossale quantité d'énergie est émise en continu par le **Soleil**. Elle se disperse dans toutes les directions de l'espace. La Terre n'en capte qu'une infime fraction.

– **Le vent**. Depuis l'Antiquité, l'Homme sait convertir l'énergie du vent en énergie mécanique utile pour moudre le grain, produire de l'huile ou pomper de l'eau. Aujourd'hui, c'est surtout en électricité que cette conversion a lieu par l'utilisation d'aérogénérateurs ou « éoliennes ». Comme le vent ne souffle pas à la demande, les installations éoliennes doivent être couplées avec d'autres sources d'énergie, et le stockage de l'énergie produite devient une nécessité (batteries, stockage hydraulique ou thermique).

→ fiche 36

- **La géothermie**. Cette technique prélève la chaleur du sol ou du sous-sol terrestre. En fonction du niveau de température du réservoir (roche, eau souterraine, etc.), l'exploitation se fera pour le chauffage (géothermie basse et très basse énergies) ou pour la production d'électricité (moyenne et haute énergies).

- **L'eau**. L'énergie hydraulique est utilisée depuis l'Antiquité comme en atteste la présence des moulins à eau. Leurs usages étaient multiples : moudre le grain, scier le bois, fabriquer du papier, travailler les métaux, etc. Aujourd'hui, l'énergie hydraulique sert essentiellement à produire de l'électricité dans les centrales hydroélectriques.

## II Le Soleil, source de rayonnement

- Les énergies renouvelables (biomasse, solaire, hydraulique, éolien) ont comme point commun d'avoir pour origine le rayonnement solaire, mis à part certaines formes de géothermie utilisant la chaleur interne de la Terre et l'énergie marémotrice provenant de l'attraction combinée du Soleil et de la Lune.

- Le cœur du Soleil est le siège de réactions nucléaires : chaque seconde, des millions de tonnes d'hydrogène donnent naissance à des millions de tonnes d'hélium en s'accompagnant d'une libération colossale d'énergie dont une partie est rayonnée dans l'espace. Dans ces réactions nucléaires **(doc. 1)**, les noyaux d'atomes légers (hydrogène) forment des noyaux d'atomes plus lourds (hélium) ; on parle de **fusion nucléaire**. Les protons (noyaux d'hydrogène) fusionnent en deutérium (étape 1), en hélium 3 (étape 2) puis en hélium 4 (étape 3).

On estime que, chaque seconde, les **réactions de fusion nucléaire** transforment 700 millions de tonnes d'hydrogène en hélium.

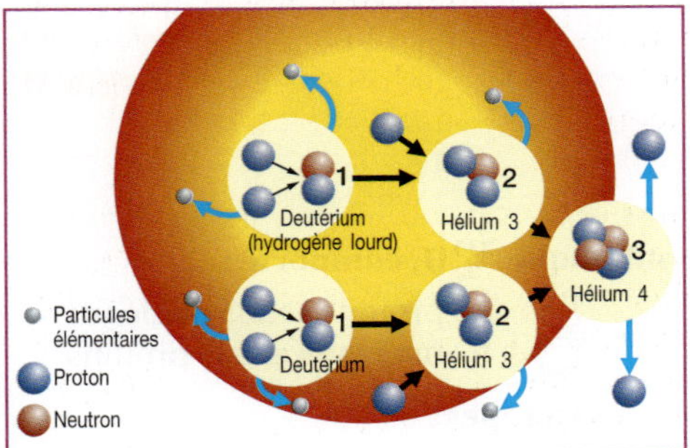


**Doc. 1. La fusion nucléaire au cœur du Soleil.**

# Quiz express

Vérifiez que vous avez bien retenu les points clés des **fiches 37 à 39.**

## Les énergies fossiles : utilisation et empreinte environnementale

**1 Cocher parmi les réservoirs d'énergie ci-dessous, les sources d'énergie fossile :**

- ☐ **a.** uranium
- ☐ **b.** gaz de schiste
- ☐ **c.** gaz naturel
- ☐ **d.** hydrogène
- ☐ **e.** charbon

**2 La formation de pétrole et de charbon nécessite :**

- ☐ **a.** plusieurs dizaines d'années
- ☐ **b.** plusieurs siècles
- ☐ **c.** quelques millénaires
- ☐ **d.** plusieurs millions d'années

**3 La combustion de charbon et de pétrole produit dans l'atmosphère un dégagement :**

- ☐ **a.** de dioxygène
- ☐ **b.** de méthane
- ☐ **c.** de dioxyde de carbone
- ☐ **d.** de diazote
- ☐ **e.** d'eau

**4 Vrai ou faux ? Cocher la bonne case.**

| | VRAI | FAUX |
|---|---|---|
| **a.** Les réserves estimées de pétrole couvriront encore plusieurs centaines d'années de consommation. | ☐ | ☐ |
| **b.** Le principal gaz responsable de l'augmentation de l'effet de serre est le dioxyde de carbone. | ☐ | ☐ |
| **c.** L'effet de serre est néfaste à la vie sur la Terre. | ☐ | ☐ |

FICHE 37

## L'énergie nucléaire

**5 L'uranium 235, de notation symbolique $^{235}_{92}U$, comporte :**

- ☐ **a.** 235 protons et 92 nucléons
- ☐ **b.** 92 protons et 235 neutrons
- ☐ **c.** 92 protons et 235 nucléons
- ☐ **d.** 92 neutrons et 235 protons

**6 Repérer dans la liste ci-dessous les isotopes :**

- ☐ **a.** $^{12}_{6}C$
- ☐ **b.** $^{12}_{5}B$
- ☐ **c.** $^{6}_{3}Li$
- ☐ **d.** $^{13}_{6}C$

**7** **Dans la réaction de fission présentée ci-dessous, attribuer à chaque numéro une légende.**

- ☐ **a.** Libération d'énergie ☐ 1
- ☐ **b.** Produit de fission ☐ 2
- ☐ **c.** Neutron projectile ☐ 3
- ☐ **d.** Noyau atomique fissile ☐ 4

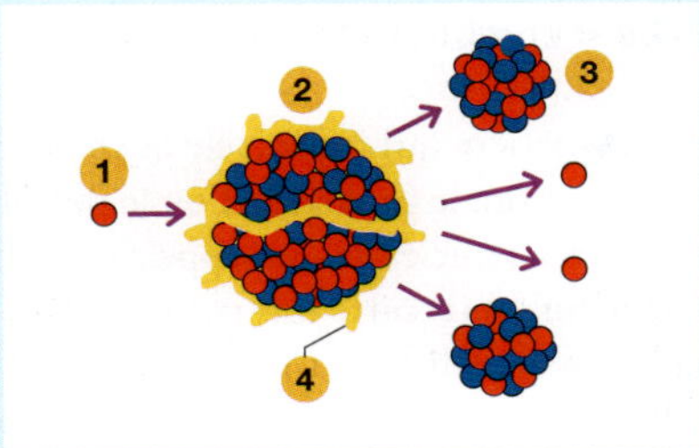


FICHE 38

## Les énergies renouvelables

**8** **Cocher les sources d'énergie renouvelable :**

- ☐ **a.** biomasse
- ☐ **b.** vent
- ☐ **c.** uranium
- ☐ **d.** géothermie
- ☐ **e.** gaz naturel
- ☐ **f.** pétrole

**9** **Sélectionner les énergies renouvelables ayant pour origine le rayonnement solaire :**

- ☐ **a.** solaire
- ☐ **b.** hydraulique
- ☐ **c.** géothermie
- ☐ **d.** biomasse
- ☐ **e.** éolien
- ☐ **f.** marémotrice

**10** $^{2}_{1}\text{H} + ^{3}_{1}\text{H} \rightarrow ^{4}_{2}\text{He} + ^{1}_{0}\text{n}$

L'équation écrite ci-dessus traduit une réaction :

- ☐ **a.** chimique
- ☐ **b.** de fission nucléaire
- ☐ **c.** de fusion nucléaire

FICHE 39

**RÉPONSES**

**1.** b, c et e • **2.** d • **3.** c et e • **4.** a. Faux, b. Vrai, c. Faux • **5.** c • **6.** a et d • **7.** a4 - b3 - c1 - d2 •
**8.** a, b et d • **9.** a, b, d et e. • **10.** c

# SUJET 36 | L'énergie nucléaire

DURÉE 25 MIN

→ **Fiche 36** Transport et stockage de l'énergie – Gestion des déchets radioactifs
→ **Fiche 38** L'énergie nucléaire

## DOCUMENT 1 Le « combustible nucléaire »

Un combustible est une matière qui fournit de la chaleur en brûlant. Les plus connus sont le bois, le charbon, le gaz naturel ou le pétrole. Par analogie, l'uranium, utilisé dans les centrales nucléaires, est appelé « combustible nucléaire » car il dégage aussi de la chaleur, mais cette fois par fission et non par combustion. Le combustible nucléaire fournit par unité ou masse, par kilogramme par exemple, beaucoup plus d'énergie qu'un combustible fossile (charbon ou pétrole). Utilisé dans un réacteur à eau sous pression, un kilogramme d'uranium produit 10 000 fois plus d'énergie qu'un kilogramme de charbon ou de pétrole dans une centrale thermique(1). De plus, le combustible restera longtemps (plusieurs années) dans le réacteur, contrairement aux combustibles classiques qui sont brûlés rapidement. Le combustible nucléaire est aussi différent des autres parce que l'uranium doit subir de nombreuses opérations après son extraction et avant son utilisation dans le réacteur.

(1) centrale thermique classique ou centrale à flamme

Extrait du dossier *Le cycle du combustible nucléaire*, l'espace jeunes du site du CEA (www.cea.fr/jeunes).

## DOCUMENT 2 La plupart des produits de fission disparaissent assez rapidement

La grande majorité des produits de fission radioactifs sont à vie courte ou moyenne. Pour la gestion des déchets radioactifs, on parle de vie courte quand la période d'un radioélément est inférieure à 30 ans. Une telle durée de vie semble bien longue, mais elle est effectivement courte par rapport à la période de certains produits de fission ou actinides qui se compte en milliers d'années. Une période de 30 ans, comme celle du césium 137, apparait au contraire très longue quand il faut gérer les contaminations radioactives résultant d'un accident nucléaire.

Extrait du site www.laradioactivite.com

## DOCUMENT 3 Exemple de produits de fission obtenus en cascade

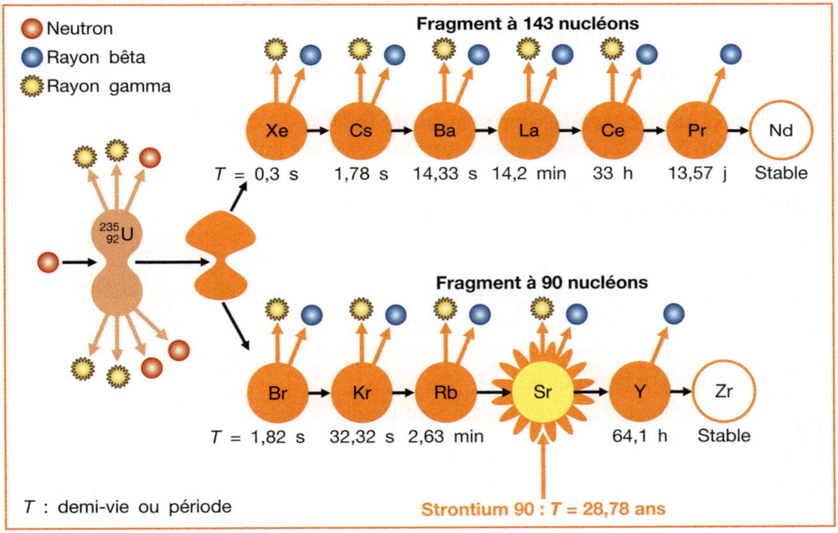


**1.** À l'aide du document 1, indiquer les affirmations qui sont vraies :
**a.** Le « combustible nucléaire » brûle dans un réacteur.
**b.** On alimente un réacteur nucléaire en continu avec de l'uranium.
**c.** Le minerai d'uranium est directement utilisable dans un réacteur.
**d.** Combustion et fission fournissent de la chaleur.

**2.** Qu'est-ce que la fission nucléaire ? Quel est l'intérêt principal de son utilisation dans une centrale, notamment par rapport à l'utilisation de combustibles fossiles ?

**3.** Le noyau d'uranium 235 est symbolisé par l'écriture suivante : $^{235}_{92}U$.
Nommer les différentes particules de ce noyau et indiquer le nombre de chacune d'entre elles.

**4.** Le minerai d'uranium nécessaire à la fabrication du « combustible nucléaire » contient de l'uranium 238, de l'uranium 235 et de l'uranium 234. Que dit-on de ces trois noyaux atomiques de l'uranium naturel ? Qu'est-ce qui les différencie ?

**5.** Considérons un échantillon contenant, au départ, 1 000 noyaux radioactifs de strontium 90. En utilisant les documents 2 et 3, et vos connaissances, répondre aux questions suivantes :
**a.** À quoi correspond la période d'un noyau radioactif ? Quelle est la valeur de la période du strontium 90 ?
**b.** Au bout de combien de temps ne restera-t-il plus que 250 noyaux atomiques de strontium 90 ?
**c.** Dans la double cascade de produits de fission du document 3, en quoi le strontium 90 est-il plus embarrassant que tous les autres ?

## DÉMARRONS ENSEMBLE

**1.** Cette question repose sur une lecture attentive du document 1.
**2.** Pour la première partie de la question, mobilisez vos connaissances pour définir ce qu'est la fission nucléaire. Le document 1 vous permettra de trouver le rôle premier d'une centrale thermique nucléaire ou classique et l'avantage de la première sur la seconde.
**3.** Il vous faut bien connaître la représentation symbolique du noyau atomique $^{A}_{Z}X$ et particulièrement la signification des lettres A et Z.
**4.** Ces trois noyaux atomiques appartiennent au même élément chimique, mais chacun d'eux est différent des deux autres. À quoi cette différence est-elle due ?
**5.** Mobilisez vos connaissances sur la radioactivité (période, décroissance radioactive, gestion des déchets, etc.) pour répondre à ces trois questions. Celles-ci exploitent principalement la notion de période – l'une des caractéristiques essentielles d'un noyau radioactif. Il vous faudra d'abord définir cette notion, puis l'utiliser dans le cas particulier du noyau atomique de strontium 90.

## CORRIGÉ

**1.** Les affirmations **a**, **b** et **c** sont fausses en revanche, l'affirmation **d** est vraie.
L'affirmation **a** est fausse, car brûler un combustible consiste à réaliser une combustion, c'est-à-dire une transformation chimique.

**2.** La fission nucléaire consiste à provoquer **l'éclatement d'un noyau lourd fissile en deux noyaux plus légers** sous l'impact d'une particule projectile (un neutron).
Cette fission nucléaire s'accompagne d'un **dégagement d'énergie très important** et de l'émission d'autres particules projectiles.

On estime « qu'un kilogramme d'uranium produit 10 000 fois plus d'énergie qu'un kilogramme de pétrole ». Une transformation nucléaire libère considérablement plus d'énergie thermique qu'une transformation chimique.

**3.** Dans la représentation symbolique du noyau atomique $^{A}_{Z}\mathbf{X}$,
X représente le symbole de l'élément chimique, **Z son nombre de protons** et **A son nombre de nucléons**. L'uranium 235 comporte donc Z = 92 protons et A = 235 nucléons, soit A – Z = 143 neutrons.

**4.** Ces trois noyaux atomiques d'uranium (Z = 92) ne **diffèrent que par leur nombre de nucléons** ou plus précisément **par leur nombre de neutrons** : l'uranium 238 comporte 146 neutrons, l'uranium 235 compte 143 neutrons et l'uranium 234, 142 neutrons. De tels noyaux atomiques sont dits **isotopes** d'un même élément chimique.

**5. a.** La **période radioactive** correspond à la **durée nécessaire pour que la moitié des noyaux radioactifs se désintègrent naturellement**. On peut repérer, dans le document 3, que la période radioactive du strontium 90 vaut $T$ = 28,78 ans.

**5. b.** Tous les 28,78 ans, la moitié restante des noyaux radioactifs de strontium 90 se désintègrent ; donc, si au départ il y a 1 000 noyaux, il n'en reste que 500 après 28,78 ans (au bout d'une période) et **250 après 57,56 ans** (au bout de deux périodes).

**5. c.** Dans le document 3, l'ensemble des produits de fission obtenus en cascade ont des durées de vie très courtes ou courtes (moins de 30 ans). Toutefois, le strontium 90 a une durée de vie bien plus importante que les autres : il sera encore très présent lorsque le « combustible » irradié sera sorti du réacteur pour être remplacé. Cette radioactivité résiduelle importante demandera par conséquent des mesures de radioprotection au moment de la manipulation et du traitement et nécessitera un stockage adapté.

Le **« combustible »** nucléaire est changé tous les 3 ans environ. Il faut environ 10 périodes – c'est à dire 288 ans – pour qu'il n'y ait plus du tout de strontium radioactif dans le « combustible » usagé.

# SUJET 37 | Énergie solaire : une énergie du XXIe siècle

DURÉE 25 MIN

→ **Fiche 39** Les énergies renouvelables

## DOCUMENT 1 Domestiquer l'énergie solaire

Le Soleil est une source inépuisable d'énergie... mais inégale selon les régions et intermittente. Il faut développer des outils performants pour se chauffer et produire de l'électricité en s'adaptant à ces conditions.
L'énergie solaire est disponible partout sur Terre et représente, théoriquement, 900 fois la demande mondiale en énergie. Chaque mètre carré reçoit en moyenne 2 à 3 kWh par jour en Europe du nord, 4 à 6 kWh en région Provence-Alpes-Côte d'Azur ou sous les tropiques. [...]
L'énergie solaire peut jouer un rôle capital pour une production locale de chaleur et d'électricité, notamment pour l'habitat individuel et collectif, où les besoins sont beaucoup moins massifs que dans l'industrie. L'exploitation de cette énergie peut se faire de trois manières : par le *solaire thermique*, qui transforme directement le rayonnement en chaleur et, pour la production d'électricité, par le *solaire thermodynamique* dit à concentration (Concentrated Solar Powerplant- CSP) et par le *solaire photovoltaïque*.

Extrait du dossier *Les énergies du XXIe siècle*, l'espace jeunes du site du CEA (www.cea.fr/jeunes).

## DOCUMENT 2 Panneau solaire hybride

L'inconvénient d'une cellule photovoltaïque classique est que son rendement baisse à mesure que la température augmente. En effet, une partie du rayonnement solaire n'est pas convertie en électricité et se dissipe sous forme de chaleur, augmentant la température de la cellule par rapport à la température ambiante.
Dans un capteur solaire hybride, le fluide qui circule dans la partie thermique pour être réchauffé permet également de refroidir les cellules photovoltaïques et donc d'augmenter leurs rendements.
La température du système solaire hybride est ainsi stabilisée à environ 45 °C ; cela permet de produire plus d'électricité qu'un capteur photovoltaïque conventionnel de même puissance, tout en produisant de la chaleur.

Site www.ecosources.info

**1.** À l'aide des documents 1 et 2, indiquer les affirmations qui sont vraies :
**a.** L'énergie solaire est une énergie renouvelable.
**b.** Chaque jour, la Terre reçoit plus d'énergie du Soleil que l'humanité n'en consomme pendant une année entière.
**c.** Dans les pays froids, le Soleil ne peut pas être utilisé pour produire de l'énergie.
**d.** Un panneau solaire contient nécessairement des cellules photovoltaïques.

**2.** La quantité d'énergie solaire reçue par unité de surface est :
**a.** plus importante au pôle nord qu'aux tropiques.
**b.** la même partout à la surface de la planète.
**c.** plus importante aux tropiques qu'au pôle nord.
**d.** croissante des tropiques au pôle nord.

**3.** Parmi les quatre schémas ci-dessous, donner la (ou les) conversion(s) énergétique(s) assurée(s) par un panneau solaire.

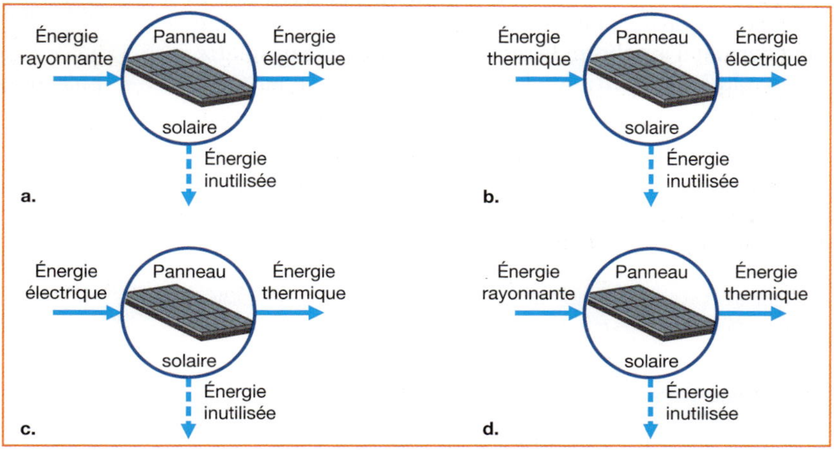


**4.** Une solution d'avenir est proposée pour améliorer le panneau solaire : laquelle ?

## DÉMARRONS ENSEMBLE

**1.** et **2.** Appuyez-vous sur une lecture attentive des documents 1 et 2.
**3.** N'abordez pas trop rapidement cette question. Posez-vous les questions essentielles : quel type d'énergie reçoit un panneau solaire (ou capteur solaire) et quelle(s) énergie(s) finale(s) a-t-on en sortie de panneau ?
**4.** L'argument principal est présenté dans le document 2.

## CORRIGÉ

**1.** Les affirmations **a** et **b** sont vraies contrairement aux affirmations **c** et **d** qui sont fausses.

**2.** Réponse **c** : la quantité d'énergie solaire reçue par unité de surface **varie selon l'endroit où l'on se trouve**. Elle est plus importante si les rayons du Soleil arrivent selon la verticale.

Cette **quantité d'énergie** va fluctuer selon la nébulosité, la saison et la latitude géographique.

**3.** Un panneau solaire peut convertir de l'énergie rayonnante en énergie électrique (schéma **a**) ; il s'agit alors d'un **panneau photovoltaïque**. Il peut aussi convertir cette même énergie rayonnante en énergie thermique (schéma **d**), dans ce cas c'est un **panneau thermique**.

**4.** Le panneau solaire du « futur » est présenté dans le document 2 : il s'agit du capteur hybride. Le système reprend le panneau solaire photovoltaïque normal, auquel on adjoint un refroidisseur. Cela permet d'améliorer le rendement du panneau solaire photovoltaïque traditionnel et de récupérer de l'énergie thermique.

Un même panneau peut assurer les deux conversions : **panneau hybride**.

# SUJET 38 | Les biocarburants

DURÉE 50 MIN

→ **Fiche 37** Les énergies fossiles : utilisations et empreinte environnementale
→ **Fiche 39** Les énergies renouvelables

### DOCUMENT Biocarburants : avantages et inconvénients

La recherche sur les biocarburants mobilise une partie de la communauté scientifique internationale depuis près d'un siècle. Le biocarburant, issu de la biomasse, se différencie des carburants d'origine fossile. De nos jours, on peut trouver des biocarburants de troisième génération. La première génération de biocarburants est de plus en plus critiquée car elle est produite à partir de cultures initialement destinées à l'alimentation de la population. Une alternative a été trouvée auprès des biocarburants de deuxième génération. Produits à partir de ressources végétales dites non alimentaires (comme les feuilles, les tiges, déchets agricoles et forestiers, etc.), leur exploitation est relativement récente. La troisième génération de biocarburants est en pleine phase de recherche et de développement. Ces projets consistent à cultiver certaines microalgues qui ont la capacité de produire de l'huile. Pour se développer, ces microalgues ont besoin d'eau, du soleil et surtout de $CO_2$. Et c'est là un des grands avantages de ces microalgues. Leur production permettra de résorber la quantité de $CO_2$ présente dans l'air. Un autre avantage majeur est que l'utilisation de ces biocarburants ne produit pas de gaz nocifs pour l'environnement. Par contre, c'est une production qui revient encore cher et n'est pas économiquement viable à l'heure actuelle.

Extrait du site www.economiesolidaire.com

**Pourquoi cherche-t-on à mettre au point des biocarburants alors que leur combustion rejette du dioxyde de carbone, gaz responsable de l'effet de serre ?**

**Rédiger la réponse sous la forme d'une chronique - la plus objective possible - de revue de vulgarisation scientifique en vous appuyant sur le document présenté et sur les connaissances acquises au cours de l'année.**

DÉMARRONS ENSEMBLE

- La réponse attendue est argumentée et doit être présentée en quelques dizaines de lignes. Vous pourrez l'organiser en présentant ce qu'est l'effet de serre ; en quoi les combustibles fossiles entraînent une augmentation de cet effet ainsi que les conséquences qui en découlent. Vous pourrez ensuite introduire les biocarburants, leurs avantages et leurs limites.
- Vous ferez attention à la forme attendue pour cette argumentation. Elle doit comporter un titre suivi d'une introduction, d'un développement et d'une conclusion. Le corps de l'article peut être découpé en sous-parties à l'aide d'intertitres (pour souligner une idée, relancer le sujet, etc.).

## CORRIGÉ

### De nouveaux carburants pour faire face au réchauffement climatique

Face aux risques climatiques majeurs qui menacent l'humanité, trouver des carburants alternatifs aux carburants fossiles devient une nécessité. Les biocarburants offrent une réponse possible ; est-elle crédible ?

#### L'effet de serre : un mécanisme protecteur

L'effet de serre est un processus naturel indispensable à la vie sur Terre. Son existence engendre une température moyenne à la surface de la Terre de

+ 15 °C ; on estime qu'elle aurait été de – 18 °C en son absence. Cet effet de serre est dû à la présence, dans l'atmosphère terrestre, de certains gaz (vapeur d'eau, dioxyde de carbone, méthane, oxyde nitreux, CFC, ozone, etc.). Ces gaz dits « à effet de serre » (GES) piègent une partie des rayonnements infrarouges émis par la surface terrestre chauffée par le rayonnement solaire.

### L'augmentation de l'effet de serre : une menace sur la vie

Depuis le début de l'ère industrielle (fin du XIXe siècle), la concentration en dioxyde de carbone ($CO_2$) dans l'atmosphère n'a pas cessé d'augmenter. En effet, la combustion des sources d'énergie fossile (gaz, charbon, pétrole...), réalisée notamment dans les centrales thermiques classiques et dans les véhicules à moteur, amène des rejets très importants de $CO_2$. Il en découle une augmentation rapide de la concentration de ce gaz dans l'atmosphère et de ce fait une augmentation de l'effet de serre. Cela provoque un réchauffement climatique mondial aux multiples conséquences (fonte de la banquise, bouleversement du cycle de l'eau, disparition de certaines espèces...). Les experts estiment à 1 °C au mieux, et jusqu'à 6 °C, l'augmentation moyenne possible de la température, d'ici la fin du XXIe siècle.

### Les biocarburants plus propres que les combustibles fossiles ?

La combustion de biocarburants issus du colza, du tournesol, de la betterave ou d'autres végétaux produit elle aussi du dioxyde de carbone. Toutefois, ces rejets sont en grande partie compensés par le dioxyde de carbone absorbé par la plante au cours de sa croissance. L'impact sur l'augmentation de l'effet de serre est donc beaucoup moins important.

L'utilisation de ces biocarburants issus de cultures principalement liées à l'alimentation – dits biocarburants de première génération – est toutefois très controversée. Certains inconvénients sont majeurs : déforestation, renchérissement des denrées alimentaires dans le monde, utilisation de pesticides et d'engrais, etc.

### Quel avenir pour les biocarburants ?

La deuxième génération de biocarburants – issus principalement des résidus agricoles et forestiers – corrige certains défauts de la première génération. Toutefois, l'avenir est déjà ailleurs : les recherches se tournent vers les microalgues. Ces végétaux aquatiques produisent de l'huile utilisable comme biodiesel. Dans leur développement, ils absorbent une quantité très importante de dioxyde de carbone.

Encore freinés par des coûts de production élevés, ces biocarburants de troisième génération représentent une alternative plus que crédible aux carburants actuels.

# Index

## A



## B, C



## D, E



## F, G



## H, I



## L, M



## N, O

**P, R**



**S, T, V**



## TABLE DES ILLUSTRATIONS





Achevé d'imprimer par Grafo à Basauri - Espagne
Dépôt légal n° 99547-7/03 - novembre 2017